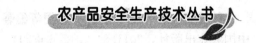

农产品安全生产技术丛书

# 核桃
# 安全生产技术指南

张美勇　徐　颖　相昆
岳林旭　薛培生　编著

中国农业出版社

**图书在版编目（CIP）数据**

核桃安全生产技术指南/张美勇等编著 . —北京：
中国农业出版社，2011.8（2015.6 重印）
（农产品安全生产技术丛书）
ISBN 978 - 7 - 109 - 15919 - 8

Ⅰ.①核… Ⅱ.①张… Ⅲ.①核桃－果树园艺－指南
Ⅳ.①S664.1 - 62

中国版本图书馆 CIP 数据核字（2011）第 148494 号

中国农业出版社出版
（北京市朝阳区农展馆北路 2 号）
（邮政编码 100125）
责任编辑 杨天桥

中国农业出版社印刷厂印刷 新华书店北京发行所发行
2012 年 1 月第 1 版 2015 年 6 月北京第 4 次印刷

开本：850mm×1168mm 1/32 印张：7 插页：6
字数：170 千字 印数：10 001～14 000 册
定价：25.00 元
（凡本版图书出现印刷、装订错误，请向出版社发行部调换）

# 前 言

农产品质量安全正在变成日益突出的全球性问题，不管是基于科学方法还是基于价值观，不管是国内供求还是国际贸易，都面临着共同的农产品安全问题，"从农场到餐桌"正在成为安全农产品管理的基本理念，源头是农产品安全生产。没有农产品安全生产，就没有整个食品安全；没有农产品安全生产经济效益，就没有农产品安全体系；没有农业生产者的积极态度，就没有农产品安全生产的可持续发展。我国真正重视农产品质量安全还是近几年的事，进入新世纪，农产品质量安全问题日益受到国内外的广泛关注。自2001年中国"入世"以来，农产品质量安全问题也开始受到国内各界的高度重视，以至成为各地历年"两会"（指全国人民代表大会和中国人民政治协商会议）不变的热点问题之一。在国际上，即使是被认为食品质量安全水平最高的美国，现实中仍然不断出现食品安全事件。食品安全已经成为影响全球贸易和公众健康的主要问题，从这个意义上说，食品安全已经成为一个重要的全球性问题。

近年来，农业部及相关部门大幅度制（修）订大批农产品质量安全管理规范与生产标准，国务院新组建了国家食品药品监督管理局，大幅度调整有关部门关于农产品和食品质量安全的监管职能，根据不同消费需求和安全农产品市场结构，推进了无公害农产品、绿色食品和有机食品（简称"三品"）的迅速发展。充分体现了我国加强农产品质量安全管理，对消费者负责、大力促进安全农产品生产发展的决心和信心。

从世界范围看，学术研究关注农产品（食品）质量安全问题，大致始于20世纪上半叶。世界普遍关注农产品质量安全。几十年来，已积累了大量学术研究成果。纵观这些学术研究成果，解决农产品质量安全问题，为社会提供安全农产品，应从源头抓起，关键是解决好处于源头的农产品安全生产问题。

核桃是世界四大干果之一，其果品有重要的医疗保健价值，近年来市场需求量逐年增加，效益较为可观，因此刺激了生产的进一步发展，栽培面积逐年增加，但是栽培环节出现了一系列不利于安全生产的问题。为规范核桃安全生产，应中国农业出版社之邀，我们综合各方面材料，编著了《核桃安全生产技术指南》。

编著者

2011年1月

# 目　录

□□□□□□□□□□□□□□□□

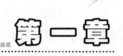

# 第一章

# 核桃安全生产的现状和对策

## 第一节 我国核桃安全生产存在的问题

### （一）没有建立起按标准化安全生产的管理体系

我国核桃生产最显著的特点是生产规模小，千家万户分散生产，独立经营，无论购进生产资料还是销售核桃产品，都是一家一户单独面向市场，分散的生产和经营不利于控制投入品的质量，也不容易统一产品质量。农户不仅生产规模小，而且品种杂而乱，专业化程度很低。国家虽然制定了核桃安全生产标准，但没有建立与核桃生产特点相适合的按标准化组织生产的管理体系，标准的实施主要依赖生产者的自觉性，而我国核桃生产者的标准化意识又很薄弱，不能自觉地根据标准进行生产，导致无标生产、无标上市现象比较普遍。

### （二）流通环节缺乏有效的监测、监督体系

我国对核桃市场流通环节缺乏有效的监测、监督体系，核桃质量安全监督检验机构的布局、数量、检测能力都与实际要求差距很大，导致大量质量不合格的核桃产品流入市场。

### （三）基础薄弱，支撑不力

我国核桃产品质量安全标准体系很不完备。一是安全生产标

准不配套，使得组织核桃生产加工及实施监督缺乏有效的技术依据；二是安全生产标准的层次性差，国家标准、行业标准、地方标准的立项制定雷同，没有层次，侧重点没有体现；三是标准的国际对接性差，国外一般用技术法规来规范生产，我国一律用标准，不同的贸易国有不同的质量要求，我们用一种标准来规范产品质量难以与贸易国对接。

### （四）优质安全生产技术缺乏，转化不力

目前我国核桃安全生产技术应用慢，严重影响到质量农业的发展。一是科研开发滞后，长期的数量农业形成了以高产为主要目标的研究开发体系，农业科技攻关的重点刚开始转向农产品质量安全，相应的研究成果还没有大量出现。二是推广转化不力。农技推广体系正在改革，基层乡镇农技推广机构撤并，人员编制压缩精简，事业经费严重不足，优质安全生产技术的试验示范、推广等活动难以组织开展，新知识、新品种、新技术、新产品的扩散渠道不畅。三是接受应用缓慢。核桃效益的相对滞后，使小规模生产的农民舍不得花钱购买价格高、见效慢的生物型农药、肥料等投入品；同时，由于从事生产的农民主要是老弱妇幼，文化素质低，接受新知识、新技术的意识差、能力弱，施肥、用药等生产管理习惯于传统的做法，质量提高和质量安全控制技术的实践应用非常缓慢。

### （五）主管机关职责不明确，管理体制不顺

发达国家对农产品质量安全管理基本上是以农业行政主管部门为主，实施从"农田到餐桌"的全过程管理。我国农产品生产经营管理仍然沿袭计划经济时代的管理体制，农、工、商分离，产、加、销脱节，农产品质量安全管理权限分属农业、经贸、供销、外贸、工商、质监、卫生、环保等多部门，各部门各自为政，没有形成从农田到餐桌，从环境、投入品到产品全过程一条

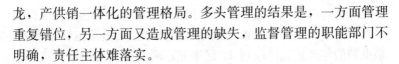

龙，产供销一体化的管理格局。多头管理的结果是，一方面管理重复错位，另一方面又造成管理的缺失，监督管理的职能部门不明确，责任主体难落实。

# 第二节 核桃安全生产的对策

## （一）产地环境的调控技术

核桃生产的形成是自然再生产与经济再生产相交织的过程，这就决定了核桃生产环境中的大气、水、土壤等因素对产品质量有很大影响，产地环境建设是保证核桃质量安全首先要考虑的问题。一直以来，发达国家依赖经济和技术实力的比较优势，对农产品生产制定了严格的技术标准，而且近年来其对农产品环境方面的要求越来越高，甚至于苛刻。针对传统集约型农业生产中的农业生态环境恶化等状况，发达国家下大力气发展精准化管理的无公害农业，将 GIS、GPS 和计算机自动控制系统有机结合，对农产品生产过程产地环境中的耕地质量和耕作方式、农用灌水、畜禽、渔业养殖水域、农区空气等受污染状况以及城市垃圾、工业废弃物污染等环节进行精准管理，特别是对灌溉用水开展水环境综合治理行动，将其质量控制在标准范围内。

## （二）生产投入的无公害技术

目前，世界各国已经认识到过度依赖种子、肥料、化肥、农药等常规投入物对资源、环境、人体健康等会造成潜伏性、累积性、扩散性的影响，而且已经开始重视安全农产品技术（优良新品种和高效、低毒、低残留投入品等）的研究。如美国为了防止农产品的污染和各种病毒，对种子的培育、纯度检测、播种技术的使用等都制定了严格的标准；除了能够提供给养外，富含大量有益微生物的有机-无机复混肥料和缓释肥料也正受到国内外的普遍重视；以现代微生物发酵工程技术为基础的生物农药生产技术以其对环境更加安全而受到重视，其中苏云金芽孢杆菌（Bt）杀虫剂的年产值已经超过 10 亿美元；研究开发的饲料生产、添加剂质量和畜禽养殖等的全程控制技术，实现了饲料生产环保化、添加剂产品生物化、畜产品健康化。与此同时，为了解决大量使用化学农药来防治农作物病虫害和杂草所造成的污染，世界各国积极推广病虫害综合防治技术和生物防治技术，实现生态、经济和社会效益的最大化，农产品的质量也显著提高。

### （三）不断进步的检测技术

先进生产技术的使用并不意味着一定会得到好的效果。为了彻底提高核桃产品的质量，对其产前、产中和产后都要进行检测：产前主要是对生态环境——产地环境中的水、土、气及工业污染等的安全进行检测；产中主要对肥料、各种生长激素和调节剂、农药等投入品的质量安全进行检测；产后主要对核桃产品是否能够进入市场进行检测。比如，在创建无公害农产品监测检验体系时，把生产过程质量监测检验体系建设作为重点，抓好生产环节中的标准化生产，规范使用农药、肥料和激素，积极推行农业规范，切实从源头上把住产品的质量安全关。由于高新技术在农业上的应用，对于农产品质量的检测能力不断提高，其灵敏度也越来越高。高效分离手段、各种化学和生物选择性传感器的使用，使在复杂混合体中直接进行污染物选择性测定成为可能。这些高技术化、智能化和高速化的检测技术的使用，对于提高农产品的质量安全起到了举足轻重的作用。

### （四）建立一批外向型核桃安全生产生态示范区，大力发展绿色、有机农产品

国际农产品市场消费结构变化趋势表明，绿色、有机农产品正越来越受到消费者的欢迎，特别是发达国家对绿色、有机食品需求

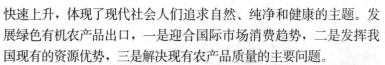

快速上升，体现了现代社会人们追求自然、纯净和健康的主题。发展绿色有机农产品出口，一是迎合国际市场消费趋势，二是发挥我国现有的资源优势，三是解决现有农产品质量的主要问题。

我国有发展绿色有机农产品的许多有利条件，特别是核桃产品的生产，多在边远地区、不发达地区，受化肥、农药污染程度很低，农业劳动力资源丰富。通过科学规划和技术指导，建立起一批外向型核桃安全生产生态示范区，发展绿色有机农产品，从而提高我国核桃产品的出口竞争力。

**（五）要围绕核桃安全生产目标，抓好新品种、新技术的开发、推广**

大力引进开发高产、优质、高效的核桃新品种和先进适用的栽培、繁殖技术，为发展核桃安全生产提供技术支撑。

**（六）造就一支"德技兼修"、"三效并举"的新一代安全农产品生产主体**

建设核桃安全生产基地是我国发展核桃生产的重要举措，对于组织与联络分散农户进入核桃安全生产队伍，使农户真正成为核桃安全生产的主体具有十分重要的意义。然而，由于农户本身的特性，在农户家庭生产多样化、生产规模狭小、农户家庭农产品产销合一和种养合一、农业高度兼业化等条件下，农户生产的不稳定性十分突出，这就需要进一步以基地为依托并发挥企业的作用，培养新一代现代农户队伍。

**（七）加速实施以质量安全为重点的农业标准化生产进程**

现代农业的重要标志之一就是标准化生产，农产品质量安全必须有标可依，采用国际先进标准，结合内需外贸要求，进一步提升和整合农业标准的制订和修订工作，全面推进农业标准化生产；二是必须解决按标生产和按标入市的问题。

# 第二章

# 我国核桃栽培区划

核桃及其变种在核桃属植物中经济价值最高，分布范围也最广，在亚洲、欧洲、南北美洲及非洲都有分布。核桃在我国遍及南北，铁核桃主要在西南地区（云南、贵州及四川西部最为集中）。两个种构成中国核桃栽培主体：北方核桃，就其栽培区域而言，主要在浅山丘陵区；南方核桃沿水系分布，多生长或栽植在江河两岸的坡麓、丘陵或阶地上。因此，中国核桃主要为山区经济树种。

从核桃栽培历史角度来看，除新疆伊犁有小面积野生核桃林外，其他各省份的核桃都是经过世代种植或引种栽培，均属于人为分布；而铁核桃除栽培型的泡核桃或夹绵核桃是经过人类选择、驯化或引种，构成铁核桃种群主体的野生铁核桃和用它们做砧木嫁接改造的泡核桃都属于自然分布。我国核桃分布受局部地形和小气候影响，分布区的划分，要根据自然和社会因素，还要根据地理和气候因素。

## 第一节 核桃分布区划的主要依据

核桃分布区划包括三个方面，即地理—气候因素、核桃树体的生物学特性和社会经济因素。

## 一、地理—气候因素

任何植物的分布，都同时受到热量状况的纬度地带性和水分状况的经度地带性的制约。气温是影响树木分布的主要因素，气温地带性因素中影响最大的是极端低温，其次是纬度和无霜期天数，再就是海拔高度和经度。

## 二、生物学性状

核桃树体的同一物候期在不同地区都有差异，不同地理分布的核桃树体在生长、结实等生物学性状方面有明显的差异，这些差异也可作为区划的依据。

## 三、社会经济因素

我国核桃主要栽培目的是获取果实以转换成经济价值，因此核桃分布主要是人为分布。核桃良种化以前，除新疆外，大多数地区均是晚实核桃，结果晚，产量低，单位面积产值少，然而核桃种仁的营养保健价值高，管理省工，耐贮耐运，销量稳定。因此，在经济利益促使下，虽然城市近郊和平原地区较难大面积发展，但在交通条件较差的边远山区和浅山丘陵地区一直在不断栽培。近年来，由于其经济价值不断提高，进一步刺激了核桃生产的大发展，城乡近郊和平原地区也多有栽培。核桃栽培大面积的消长，也必然影响到核桃分布区的伸缩。

## 第二节 核桃分布区、亚区范围及区界

由于我国核桃分布广泛，区划分布区域多根据其地理位置来称谓，如华中、华北分布区，东部沿海分布区，新疆分布区，西藏分布区等；亚区则是在同一个分布区内，由于地理和生态条件差异较大，而进一步划分的次一级分布单位。

# 一、核桃分布区及亚区名称

**1. 东部沿海分布区**　本区又分为 3 个亚区：冀京辽津亚区、鲁豫皖北苏北亚区、豫西亚区。

**2. 西北黄土区分布区**　本区分为 2 个亚区：晋陕甘青宁亚区、陕南甘南亚区。

**3. 新疆分布区**　分为南疆亚区和北疆亚区。

**4. 华中华南分布区**　分为鄂湘亚区、桂中桂西亚区。

**5. 西南分布区**　分为滇黔川西亚区和四川亚区。

**6. 西藏分布区**　分为藏南亚区和藏东亚区。

# 二、分布区、亚区范围及区界

分布区及亚区的范围及周围界限的划定，主要根据现有的资料。对于人为分布的核桃情况较易掌握，其他的多以省份边界划定。

# 第三章

# 核桃种质资源

## 第一节　核桃属植物的形态特征

核桃属（*Juglans*）植物属于被子植物门双子叶植物纲胡桃科。落叶乔木，小枝髓部中空，有呈薄片状横膈膜，树皮光滑，灰褐色，老龄时有纵裂；奇数羽状复叶，互生，无托叶，小叶对生，顶叶有时退化，叶缘具细锯齿或全缘；雄花序柔荑状下垂，着生在前一年生的枝条上，每小花有雄蕊 4~40 枚，花萼 1~4 裂生于一个苞片上；雌花序呈穗状，着生在当年生新枝的顶部或侧芽上，有雌花 2 至多个，每雌花有花萼 4 裂，总苞 3 裂，由 1 个大苞片和 2 个小苞片合围于子房外部，子房下位，1 室，柱头两裂呈羽状。果实为假核果，总苞、花被及子房外壁肉质（即青皮），光滑或有小突起，被绒毛。每果实中有种子 1 枚，偶有 2 枚。内果皮骨质，称核壳，核壳表面具不规则的刻沟或近于光滑，核壳内有不完全的 2~4 室；种皮膜质，极薄，子叶肉质，富含脂肪。

## 第二节　核桃属植物的种及<br>形态特征

### 一、核桃属植物的种

核桃属（*Juglans*）植物属于被子植物门双子叶植物纲胡桃

科（Juglandaceae）。《中国核桃》（1992）一书记述我国现有核桃属植物有 3 组 8 种，即

核桃组：核桃（*J. regia* L.）

铁核桃（*J. sigillata* Dode）

核桃楸组：核桃楸（*J. mandshurica* Max.）

野核桃（*J. cathayensis* Dode）

河北核桃（*J. hoperiensis* Hu）

吉宝核桃（鬼核桃；*J. sieboldiana* Max.）

心形核桃（姬核桃；*J. cordiformis* Max.）

黑核桃组：黑核桃（*J. nigra* L.）

## 二、核桃种的形态特征

### （一）核桃（*J. regia* L.）

又名胡桃、芜桃、万岁子等，是国内外栽培比较广泛的一种。落叶乔木。一般树高 10～25 米，最高可达 30 米以上，寿命可达一二百年，最长可达 500 年以上（彩图 3-1）。

树冠大而开张，呈伞状半圆形或圆头状。树干皮灰白色，光滑，老时变暗有浅纵裂。枝条粗壮，光滑，一年生枝绿褐色，无毛，具白色皮孔。混合芽圆形或阔三角形，隐芽很小，着生在新枝基部；雄花芽裸芽，圆柱形，呈鳞片状。奇数羽状复叶，互生，长 30～40 厘米，小叶 5～9 片，复叶柄圆形，基部肥大有腺点，脱落后叶痕大，呈三角形。小叶长椭圆形、倒卵形或广椭圆形，具短柄，先端微突尖，基部心形或扁圆形，叶缘全缘或具微锯齿。雄花序柔荑状下垂，长 8～12 厘米，花被 6 裂，每小花有雄蕊 12～26 枚，花丝极短，花药成熟时为杏黄色（彩图 3-2）。雌花序顶生，小花 2～3 簇生，子房外面密生细柔毛，柱头 2 裂，偶有 3～4 裂，呈羽状反曲，浅绿色（彩图 3-3）。果实为核果，圆形或长圆形，果皮肉质，表面光滑或具柔毛，绿色，有稀密不

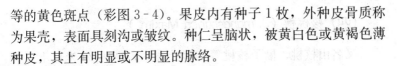

等的黄色斑点（彩图3-4）。果皮内有种子1枚，外种皮骨质称为果壳，表面具刻沟或皱纹。种仁呈脑状，被黄白色或黄褐色薄种皮，其上有明显或不明显的脉络。

### （二）铁核桃（*J. sigillata* Dode）

又名泡核桃、漾濞核桃等。落叶乔木，一般树高10～20米，寿命可达百年以上（彩图3-5）。

树干皮灰褐色，老时灰褐色，有纵裂。新枝浅绿色或绿褐色，光滑，具白色皮孔。奇数羽状复叶，长60厘米左右，小叶9～13片，顶叶较小或退化，小叶椭圆披针形，基部斜形，先端渐小，叶缘全缘或微锯齿，表面绿色光滑，背面浅绿色。雄花序呈柔荑状下垂，长5～25厘米，每小花有雄蕊25枚。雌花序顶生，小花2～4朵簇生，柱头2裂，初时粉红色，后变为浅绿色。果实圆形黄绿色，表面被柔毛，果皮内有种子1枚，外种皮骨质称为果壳，表面具刻点状，果壳有厚薄之分。内种皮极薄，呈浅棕色，有脉络。

### （三）野核桃（*J. cathayensis* Dode）

落叶乔木或小乔木，由于其生长环境不同，树高一般为5～20厘米。树冠广圆形，枝条长而3小枝有腺毛。奇数羽状复叶，长100厘米左右，小叶9～17片，小叶无柄，卵状或倒卵状短圆形，基部斜圆形或偏心形，先端渐尖。叶缘细锯齿，表面暗绿色，有稀疏的柔毛，背面浅绿色，密生腺毛，中脉及侧脉具腺毛（彩图3-6）。雄花序长20～25厘米（彩图3-7），雌花序有6～10朵小花，呈串状着生（彩图3-8）。果实卵圆形，先端急尖，表面黄绿色，有腺毛。种子长卵圆形，种壳坚厚，有6～8条棱脊，内隔壁骨质，内种皮黄褐色极薄，脉络不明显（彩图3-9）。

## （四）核桃秋（*J. mandshurica* Maxim.）

又名山核桃、楸子核桃等。落叶乔木，高达 20 米以上。树冠长圆形，树干皮灰色或暗灰色，幼时光滑，老叶有浅纵裂，小枝灰色粗壮，有腺毛，皮孔白色隆起。芽三角形，顶芽肥大、侧芽小，被黄褐色柔毛。奇数羽状复叶互生，长 60～90 厘米，总叶柄有褐色腺毛，小叶 9～17 片，柄极短或无柄，长圆形或卵状长圆形，基部扁圆形，先端渐尖，边缘细锯齿，表面初时有毛，后光滑，背面密生短柔毛。雄花序长 10～30 厘米，着生小花240～250 朵，萼片 4～6 裂，每小花有雄蕊 4～24 枚，花丝短，花药长，杏黄色。雌花序有 5～11 朵小花，串状着生于密生柔毛的花轴上。花萼 4 裂，柱头 2 裂呈紫红色。果实卵形或卵圆形，先端尖，果皮表面有腺毛，成熟时不开裂。坚果长圆形，先端尖，表面有 6～8 条棱脊，壳和内隔壁坚厚，内种皮暗黄色很薄。

## （五）河北核桃（*J. hopeiensis* Hu.）

又名麻核桃。落叶乔木，树高 10～20 米以上。树干皮灰色，光滑，老时有浅纵裂。小枝灰褐色，粗壮，光滑。叶为奇数羽状复叶，小叶 7～15 片，长圆形或椭圆形，先端渐尖，边缘全缘或微锯齿，表面深绿色光滑，背面灰绿色，疏生短柔毛，脉腋间有簇生。雄花序顶生，小花 2～5 个蔟生（彩图 3 - 10），果实长圆形，微有毛或光滑，浅绿色，先端突尖，坚果长圆形，顶端短尖，有明显或不名显的棱线，缝合线隆起，壳坚厚不易开裂，内隔壁发达骨质，种仁难取（彩图 3 - 11）。该种是核桃（*J. regia* L.）和核桃楸（*J. mandshurica Max.*）的天然杂交种。

## （六）吉宝核桃（*J. sicbodiana* Maxim.）

又名鬼核桃、日本核桃。原产日本，20 世纪 30 年代引入我国。落叶乔木，树高 20~25 米。树干皮灰褐色或暗灰色，有浅纵裂，小枝黄褐色，密生细腺毛，皮孔白色长圆形微隆起。芽三角形，顶芽大，侧芽小，其上密生短柔毛。叶为奇数羽状复叶，小叶 13~17 片，小叶长椭圆形，基部斜形，先端渐尖，边缘微锯齿。叶总柄密生腺毛，小叶无柄。雄花序 15~20 厘米；雌花序顶生 8~11 朵小花，呈串状着生。子房和柱头紫红色，子房外面密生腺毛，柱头 2 裂。果实长圆形，先端突尖，绿色，密生腺毛。坚果有 8 条明显的棱脊，2 条棱脊之间有刻点，壳坚厚，内隔壁骨质，种仁难取（彩图 3-12）。

## （七）心形核桃（*J. cordiformis* Dode）

又名姬核桃。此种与吉宝核桃在形态上比较相似，其主要区别在果实。果实扁心形，较小，坚果扁心形，光滑，先端突尖，缝合线两侧较窄，其宽度相当于缝合线两侧的 1/2。非缝合线两侧的中间各有 1 条纵凹沟。坚果壳虽坚厚，但无内隔壁，缝合线处易开裂，可取整仁，出仁率 30%~36%。该种原产日本，20世纪 30 年代引入我国。

## （八）黑核桃（*J. nigra* L.）

落叶大乔木，树高可达 30 米以上，树冠圆形或圆柱形。树皮暗褐色或灰褐色，纵裂深。小枝灰褐色或暗灰色，具短柔毛。顶芽阔三角形，侧芽三角形较小。奇数羽状复叶，小叶 15~23 片，近于无柄，小叶卵状披针形，基部扁圆形，先端渐尖，边缘有不规则的锯齿，表面微有短柔毛或光滑，背面有腺毛。雄花序长 5~12 厘米，小花有雄蕊 20~30 枚（彩图 3-13）。雌花序顶生，小花 2~5 朵簇生（彩图 3-14，3-15）。果实圆球形，浅绿色，表面有小突起，被柔毛（彩图 3-16）。坚果为圆形稍扁，先端微尖，壳面有不规则的深刻沟，壳坚厚，难开裂（彩图 3-17）。

# 第三节　栽培核桃种质资源

## 一、品种类型的多样性

核桃属于异花授粉植物，在自然授粉的情况下，其实生后代多为异交系，变异类型复杂；长期以来沿用种子繁殖，而且受不同环境条件的影响，致使种内类型多样。在人们长期的栽培过程中，经过不断地选优去劣，其坚果品质得到不断的改善。随着品种化栽培水平的提高，无性化繁殖技术的提高和大面积应用，其品种类型更近一步优化和多样。

国外核桃品种和类型很多，据了解法国、美国各有核桃品种100个以上，其他如日本、意大利、印度、伊朗等国也都有繁多的品种和类型。近几十年来，世界各核桃栽培国都非常重视核桃良种选育、嫁接技术的研究和推广，选育出不少适宜各国栽培的优良品种，而且栽培品种推陈出新，栽培技术越来越高，许多国家逐渐实现了核桃品种化栽培，品质越来越好，产量越来越高。

我国近30年来进行了广泛的资源调查和良种选育工作，对现有资源进行了分类整理，在此基础上，利用常规手段也选育出一批核桃优良品种、优良品系和优株，并且在繁殖技术研究上也取得了显著进展，打破了限制我国核桃发展的瓶颈，大大促进了核桃的发展，促进了良种化进程。

我国现有的核桃品种和类型之间在生态型、形态特征、生物学特性、经济性状和坚果品质等方面各具特点，差异性很大。

### （一）地理生态型

从我国核桃的地理分布来看，可分为两个生态类型，一是北方的干旱和半干旱温带地区，年平均气温9℃左右，气温−25∼

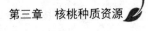

37℃，年降水量 600～800 毫米，无霜期 250～300 天。

### （二）形态特征

核桃在形态特征方面的差异比较复杂，主要有以下几点：一年生枝条的颜色分为灰绿色、灰褐色、绿褐色、紫褐色和红褐色等；小叶数有 3～5 片、7～9 片、9～13 片等（彩图 3 - 18）；雌花颜色多样，有绿色、黄色、桃红色、枣红色等（彩图 3 - 19）；果柄长度短的 1～2 毫米，长者可达 10 毫米以上；果实大小和形状更是多种多样；果实表皮有光滑的，有带柔毛的，其上斑点有大有小、有密有疏等；坚果大小、形状、表面刻沟、缝合线凸平等变化也很大（彩图 3 - 20，3 - 21）。

### （三）生物学特性

**1. 开始结果年龄** 早实者第二年开始结果，晚实者 8～10 年才开始结果。

**2. 雌花开放期** 不同类型和品种之间雌花开放期也有较大差异，有的相差 1 个月左右。

**3. 果实成熟期** 以山东泰安为例，最早的 7 月下旬就能成熟，而成熟晚的在 9 月中下旬。

**4. 抗逆性** 不同品种和类型之间抗寒力、抗旱力、抗病力、抗日灼能力也差异较大，如鲁核 1 号抗病能力较强，耐瘠薄能力也较强，而鲁果 1 号抗病能力较弱；丰辉耐瘠薄能力较弱。

**5. 经济性状** 经济性状主要表现在坚果产量和坚果品质两个方面。不同品种在树冠形状、分枝能力、结果枝率、结果枝粗度、开花数量、坐果率、每果枝坐果数、坚果大小、连续结实等方面表现差异较大，因此产量差别也较大。坚果品质主要指坚果大小、坚果形状、坚果壳厚度和出仁率等方面，不同类型和品种之间差别也较大，因而不同消费要求的品种质量所形成的价值差

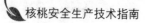

别也增大。

上述种种类型特点和变化，为我国核桃选育工作提供了丰富的原始材料，但也给核桃品种分类和命名带来一定困难。

## 二、品种和类型名称

由于我国核桃分布地域广阔，品种类型繁多，命名依据各异，因而造成目前品种类型名称多种多样，很不规范。现根据我国各地原有名称，初步归纳为以下几个方面：

**1. 按产地命名**　如陕西陈仓核桃、河北石门核桃、山西汾阳核桃、辽宁1号核桃、山东上宋6号核桃、河南1号核桃等。

**2. 按坚果壳厚薄命名**　如纸皮核桃、薄壳核桃、厚壳核桃、中壳核桃等。

**3. 按坚果形状命名**　如圆核桃、长圆核桃、鸡蛋核桃、柿子核桃、心形核桃、扁核桃、尖核桃等。

**4. 按坚果大小命名**　如巨核桃、大果核桃、小果核桃、珍珠核桃等。

**5. 按坚果外部特征命名**　如麻核桃、光核桃、露仁核桃、花窗核桃等。

**6. 按开始结果年龄命名**　如隔年核桃、早实核桃、晚实核桃等。

**7. 按果实成熟期命名**　如早熟核桃、白露核桃、晚核桃等。

**8. 按某些特殊形状命名**　如穗状核桃、葡萄状核桃、串状核桃、二季核桃、白水核桃、红核桃、细香核桃等。

**9. 按取仁难易命名**　如夹绵核桃、夹核桃、全仁核桃等。

这些繁杂的命名，虽然反映了我国核桃品种类型的多样性和丰富的资源，但存在较多的同物异名和同名异物的情况，对核桃资源的收集和保存带来一定困难。因此，进行品种资源调查和分类，对进一步开展核桃选育种有重要的现实意义。

# 三、品种和类型的分类

关于栽培核桃的品种分类，国内外尚无比较系统且被广泛采用的分类方法和标准。我国核桃工作者常把我国栽培核桃分为两类，即核桃和铁核桃。在核桃类群中，由于生物学特性的明显差异，分为早实核桃亚群和晚实核桃亚群。然后根据坚果壳皮的厚薄，又分为纸皮、薄壳、中壳、厚壳4个品种群。俞德浚教授在《中国果树分类学》中把核桃分为露仁核桃、绵核桃、夹核桃、穗状核桃、隔年核桃5个品种群。杨文衡教授在发表的论文"我国的核桃"中，把我国核桃栽培类型划分为早实核桃和晚实核桃，然后把这两种核桃再分为纸皮核桃类、薄皮核桃类、厚皮核桃类。

## （一）品种分类的主要依据

核桃品种分类的依据，主要考虑生态型和形态特征的区别和种内生物学特性和经济性状的差异。由于品种的分类主要着眼于经济性状和生产应用，因而在考虑到种与种之间、种内的群体之间、个体之间在生态特点和形态特征方面差异的同时，更要考虑种内各群体和个体的生物学特性和经济性状方面的差异。

**1. 生物学特性** 核桃的生物学特性是指核桃在个体发育和年周期生长过程中不同阶段的生长发育特性。现就种内群体之间差异显著特点分析如下：

（1）开始结实年龄早晚 我国过去栽培核桃多为晚实核桃，通常8~10年开始结实，20世纪50年代在陕西扶风和新疆发现早结果核桃类型，播种后第2~3年开始结果，全国多地开始引种栽培，大面积的早实核桃园不断建成，科研人员也繁殖利用其类型筛选和杂交选育早实优良品系。核桃的早实性状是一种可遗传的重要的生物学特性，正是利用这一特性，核桃科研人员陆续选育出多个早实核桃品种，如香玲、岱香、鲁果系列品种、辽核系列品种等。

（2）**分枝特性** 分枝力强是不断扩大树冠和增加产量的基础。早实核桃的早期大量分枝是区别于晚实核桃的主要生物学特性之一。二次分枝是早实核桃的又一特性，是春季一次枝生长封顶后，有近顶部的1～3个芽再次抽生新枝；而晚实核桃一年只抽生一次枝。

（3）**二次开花特性** 二次开花是指当年形成的雌花芽或雄花芽开放以后，再次抽生的花序开放。这种特性是早实核桃与晚实核桃的主要区别之一。第二次抽生的花序包括雌花序、雄花序、雌雄混合花序（彩图3-22，彩图3-23）。二次雌花序呈穗状，有小花5～40朵，能正常受精坐果（彩图3-24）；二次雄花序较长，每朵长15～30厘米，能正常散粉；雌雄混合花序呈柔荑状，一般花序下部着生雌花，上半部着生雄花，雌花能正常受精，而雄花常发育不良，不能正常散粉。

**2. 经济性状** 经济性状主要指坚果产量及品质，不同品种和类型之间差异很大，这些差异是进行品种分类的主要依据。

（1）**坚果品质** 坚果品质是衡量核桃品种优劣的主要条件之一，坚果品质由许多性状构成，通常包括坚果大小、外观特征、壳皮厚薄、取仁难易、种仁饱满度、出仁率高低、核仁风味、内种皮颜色、脉络等。一般实生繁殖的后代其坚果大小、壳皮颜色及形状等方面变化明显而不稳定，但坚果壳皮的厚薄、出仁率和取仁难易等方面则是相对稳定的。

（2）**坚果产量** 坚果产量的高低，除受立地条件和栽培管理技术制约外，不同品种之间产量差异很大。这种差异由核桃品种的内在因素，即生长与开花结实特性决定的，受遗传因素制约。产量构成因子包括结果母枝数、侧生果枝率、坐果率、坚果单果重等。具有丰产特性的品种，结果母枝上混合芽数量多，发枝率也高。特别是侧芽发生果枝率高是重要的丰产性状。

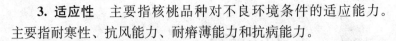

**3. 适应性** 主要指核桃品种对不良环境条件的适应能力。主要指耐寒性、抗风能力、耐瘠薄能力和抗病能力。

## （二）品种分类的方法

品种分类的主要根据是生态类型、形态特征、经济性状和适应性等方面的特点。首先，根据生态特征和形态特征将我国南北方核桃划分为核桃种群和漾濞核桃种群；其次，根据结实早晚划分为早实核桃种群和晚实核桃种群；另外，根据壳皮厚薄划分为纸皮核桃品种群、薄壳核桃品种群、中壳核桃种群和厚壳核桃品种群。

# 核桃生物学特性

## 第一节　营养器官的生长特性

### 一、根

核桃根系发达，为深根性树种，在土层深厚的土壤中，成年实生树主根可达 6 米以上，侧根水平延伸可超过 14 米，根冠比通常在 2 左右。

核桃实生树在 1～2 年生时主根生长较快，地上部生长缓慢，1 年生主根长度可为干高的 5 倍以上，2 年生约为干高的 2 倍以上，3 年生以后侧根数量增多，向外扩展速度加快；此时地上部的生长也开始加速，随年龄的增长逐渐超过主根。

核桃树的根系分布主要集中在 20～60 厘米土层中，约占总根量的 80％以上。成年核桃根系的水平分布主要集中在以树干为圆心的 4 米半径范围内，大体与树冠边缘相一致，随着与树冠距离的增加，各级根系数量均有呈直线减少的趋势。

核桃根系生长状况与立地条件尤其是与土层厚薄、石砾含量、地下水位状况有密切关系。在细土粒少、坚实度又较大的石砾沙滩地，核桃根系多分布在客土植穴范围内，穿出者极少。在这种条件下，10 年生核桃树高仅 2.5 米的类型居多。

早实核桃比晚实核桃根系发达，幼龄树表现尤为明显。据调查，1 年生早实核桃较晚实核桃根系总数多 1.9 倍，根系总长度多 1.8 倍，细根差别更大。发达的根系有利于对矿物质营养和水

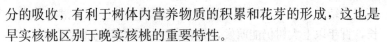

分的吸收，有利于树体内营养物质的积累和花芽的形成，这也是早实核桃区别于晚实核桃的重要特性。

核桃具有藻菌类形成的内生菌根，细根表皮部密生带有膈膜的菌丝，具有子囊菌的特征。核桃菌根是正常吸收根的 1/8，粗 1.3 倍，集中分布在 5～30 厘米土层中。土壤含水量为 40%～50% 时，菌根发育最好，树高、干径、根系和叶片的发育状况与菌根的发育呈正相关。

## 二、枝干

核桃枝条的生长受年龄（成熟性）、营养状况、着生部位的影响。幼树和壮枝 1 年可有 2 次生长，有时还有 3 次生长，形成春梢和秋梢。二次生长现象随年龄增长而减弱。二次生长过旺，往往木质化程度低，不利于枝条越冬，应加以控制。幼树枝条的萌芽力和成枝力因品种而异，一般早实核桃品种 40% 以上的侧芽都能萌发出新梢，而晚实核桃只有 20% 左右。核桃背下枝吸水力强，生长旺盛，是不同于其他树种的一个重要特性，在栽培中应加以控制或利用，否则会造成倒拉枝，紊乱树形，影响骨干枝生长和树下耕作。

成龄核桃树的树冠外围大多着生混合芽，第二年其顶端生长点均萌生结果枝，故其枝条生长是靠侧芽萌发延伸，属于典型的合轴分枝类型，使树冠表面成为分枝最多的结果层。

核桃的枝条主要分为下列几种：

**1. 营养枝**　长度 40 厘米以上，只着生叶芽或叶片的枝条，也称为生长枝。营养枝分为发育枝和徒长枝。由上年叶芽发育而成的健壮营养枝为发育枝，其顶芽为叶芽，萌发后只抽枝不结果，是扩大树冠增加营养面积和形成结果枝的基础。徒长枝多由树冠内部的休眠芽萌发而成，徒长枝角度小而直立，一般节间长，不充实，可用于老树复壮，一般结果树应控制数量和质量，修剪促其成为结果枝组，否则会影响树形，消耗养分。核桃潜伏芽寿命长，百年以上大树仍能萌发，是有利于树体更新的重要特性。

**2. 结果枝**　着生混合芽的枝条称为结果母枝。混合芽多着生于结果母枝顶端和上部几节，春季萌发抽生结果枝。健壮的结果枝上着生雌花或抽生短尾枝，早实核桃还可以当年萌发，二次开花结果。

**3. 雄花枝**　为着生雄花芽的细弱枝，多着生在老弱树或树膛郁闭处。雄花枝过多是树势弱的表现，而且无谓消耗养分影响结实。

# 三、芽

核桃芽有 3 种。叶芽，萌发后只长出枝和叶；雄花芽，萌发后形成柔荑花序；混合芽，萌发后只长出枝和叶，并在近顶端形成雌花序。未达开花年龄的幼树只具叶芽，成年树枝条上的芽则有不同的情况，或同时具有 3 种芽，或以雄花芽、叶芽为主，极少混合芽，或以混合芽为主等。各类芽在枝条上的着生排列也各有不同（图 4-1）。

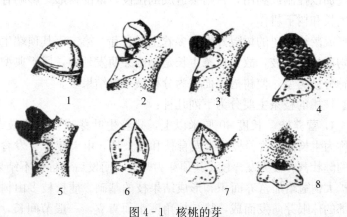

图 4-1　核桃的芽

1、2. 混合芽　3. 雄花芽与叶芽　4、5. 雄花芽　6、7. 叶芽　8. 隐芽

# 第二节 繁殖器官的发育特性

## 一、雄性繁殖器官的发育

雄芽于 5 月份露出到翌春 4 月份发育成熟，从开始分化到散粉整个发育过程约一年时间。核桃雄花芽与侧生叶芽属同源器官。核桃雄花芽分化分为 5 个时期。

**1. 鳞片分化期** 母芽雏梢分化之后，在叶腋间出现侧芽原基，4 月上旬侧芽原基在母芽内开始鳞片分化，4 月下旬随母芽萌发新梢生长，侧芽原基外围已有 4 个鳞片形成。雄芽生长点较扁平，鳞片亦较叶芽为少。

**2. 苞片分化期** 继鳞片分化期之后，在鳞片内侧生长点周围，从基部向顶端逐渐分化出多层苞片突起。

**3. 雄花原基分化期** 4 月下旬到 5 月初，从雄花芽基部开始向顶端，在苞片内侧基部出现突起，即单个雄花原基。

**4. 花被及雄蕊分化期** 5 月初至 5 月中旬，雄花原基顶端变平并凹陷，边缘发生突起，即花被的初生突起。

**5. 花被及雄蕊发育完成期** 5 月中旬至 6 月初，并排的雄蕊突起发育成并列的柱状雄蕊，最多可观察到 6 个。一排花被突起发育成一圈向内弯曲包裹着雄蕊，而苞片又从雄花基部伸出，伸向花被外围，此时整个雄花芽已突破鳞片，像一个松球，至此雄花芽形态分化完成。

雄花芽分化当年夏季变化甚小，长约 0.5 厘米，玫瑰色，秋末变为绿色，冬季变浅灰色，翌春花序膨大。花药的发育从翌年春季开始，花药原基经过分裂，逐渐形成小孢子母细胞。散粉前 3 周分化花粉母细胞，前 2 周形成 4 分体，其后 2～3 天形成全部花粉粒。花序伸长初期呈直立或斜向上生长，颜色变为浅绿色，1 周后开始变软，下垂并伸长，雄花分离，总苞开放。由花序基部向前端各小雄花逐渐开放散粉，2～3 天散完，成熟的花药黄色。散粉速度与气温有关，温度高，散粉快。花序散粉后，花药变褐，枯萎脱落。

雄花芽的着生特点是短果枝＞中果枝＞长果枝，内膛结果枝＞外围结果枝。

# 二、雌花芽的分化与发育

雌花芽与顶生叶芽为同源器官。雌花芽形态分化期为中短枝停长后 4～10 周（6 月 2 日至 7 月 14 日）。

## （一）核桃雌花芽形态分化的进程

**1. 分化始期**  中短枝停长后 4～6 周（6 月 2～16 日），25%～35% 的芽内生长点进入花芽分化。此时果实生长速度减缓，果实外形接近于最大体积。

**2. 分化集中期**  中短枝停长 6～10 周（6 月 16 日至 7 月 14 日），50% 以上的生长点开始花芽分化，此时果实体积基本稳定并进入硬核期，种仁内含物开始增加。

**3. 分化缓慢及停滞期**  中短枝停长 10 周以后（7 月 14 日以后），花芽数量不再增长。此时种仁内含物迅速积累，果实渐趋成熟。

## （二）雌花芽各原基分化时期

雌花原基于冬前出现总苞原基和花被原基，翌春芽开放之前 2 周内迅速完成各器官的分化，分化顺序依次为苞片、花被、心皮和胚珠。核桃雌花芽从生理分化开始 7～15 天进行形态分化，单个混合花芽的生理分化时间短，但全树的生理分化持续时间较长，并与形态分化首尾重叠，在时间上难以截然分开。

**1. 分化初期**（生长点扁平期）  中短枝停长后 4～8 周（6 月

2～30 日）；

**2. 总苞原基出现期** 中短枝停长后 6～9 周（6 月 16 日至 7 月 7 日）；

**3. 花被原基出现期** 中短枝停长后 7～10 周（6 月 23 日至 7 月 14 日）；

**4. 枝停长 10 周以后** 雌花芽的分化停顿，进入休眠，直到翌春 3 月下旬继续分化雌蕊原基，各原基进一步发育，4 月下旬开花。

### （三）雌花芽分化期矿质元素及激素变化

研究结果还表明，核桃雌花芽分化期全氮、蛋白质态氮呈下降趋势，淀粉、碳氮比（C/N）呈上升趋势；内源吲哚乙酸（IAA）、脱落酸（ABA）含量在生理分化期出现最高峰。各类物质水平在形态分化期较稳定，唯可溶性糖出现高峰。可以认为，IAA 和 ABA 含量升高，淀粉积累、C/N 为 4～6 和蛋白质态氮占全氮 80％～90％时有利于花芽分化；中短枝停长前及生理分化期为花芽分化调控的关键时期。杜国强（1991）的研究表明，同龄核桃幼树在花芽分化期 C/N、顶芽细胞分裂素及脱落酸含量、核糖核酸与脱氧核糖核酸的比值（RNA/DNA）等早实核桃均明显高于晚实核桃。

# 第五章

# 核桃安全生产优良品种

## 第一节　品种选择的标准

### （一）充分考虑品种的生态适应性

品种的生态适应性是指经过引种驯化栽培后，品种完全适应当地气候环境，园艺形状和经济性状等指标符合推广要求。因此，选择的良种必须是经过省级以上鉴定，且在本地引种试验表现良好，宜于推广的品种。确定品种之前，应先看专家的引种报告，实地查看当地的品种示范园，以及根据不同品种的生长结果习性和当地气温、日照、土壤与降水等自然因素，从而判断品种是否符合生态适应性要求，切勿盲目栽植。北方品种引到南方一般能正常生长，南方品种引种到北方则要慎重对待，必须经过严格的区域试验，证明在北方能正常生长结果并成熟以后，方可引种。

### （二）适地适树，选择适生的主栽品种

目前通过国家级、省级鉴定的核桃品种，分为早实型和晚实型两个类型。早实核桃一般结果早，丰产性强，嫁接后 2～3 年即可挂果，早期产量高，适于矮化密植，但有的品种抗病性、抗逆性较差，适宜在肥水充足、管理较好的条件下栽培；有的品种适应性、抗逆性较强，可根据立地条件选择适宜的品种。晚实品种早期丰产性相对较差，嫁接后 6～8 年挂果，但树势强壮，经

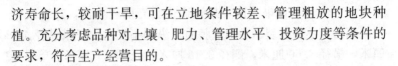

济寿命长，较耐干旱，可在立地条件较差、管理粗放的地块种植。充分考虑品种对土壤、肥力、管理水平、投资力度等条件的要求，符合生产经营目的。

### （三）注重雌雄花期一致的品种搭配

各地应根据不同品种的主要特性、当地立地条件及管理水平，选择3~5个最适品种重点发展。每果园品种不宜太多，以1~2个主栽品种为宜，目的是为了方便管理与降低生产成本；同时，要选择1~2个花期一致的授粉品种，按5~8：1的比例，呈带状或交叉状配置。

# 第二节　适于安全生产栽培的
# 优良品种

## 一、早实品种

**1. 岱香**　1992年山东省果树研究所用早实核桃品种辽核1号做母本，香玲为父本进行人工杂交而获得，2003年通过山东省林木良种审定委员会审定并命名。

该品种树姿开张，树冠圆头形。树势强健，树冠密集紧凑（彩图5-1）。新梢平均长14.67厘米，粗0.83厘米。平均节间长2.42厘米。分枝力强，为1：4.3。侧花芽比率95%，多双果和三果（彩图5-2）。嫁接苗定植后，第一年开花，第二年开始结果，正常管理条件下坐果率为70%。雄先型。在山东泰安地区3月下旬发芽，9月上旬果实成熟，11月上旬落叶，植株营养生长期210天左右。其雌花期与辽核5号等雌先型品种的雄花期基本一致，可互为授粉品种。品种对比和区域试验表明，其适应性广、早实、丰产、优质。在土层深厚的平原地，树体生长快，产量高，坚果大，核仁饱满，香味浓，好果率在95%以上。坚果圆形，浅黄色，果基圆，果顶微尖。壳面较光滑，缝合线紧密，稍凸，不易开裂。内褶壁膜质，纵隔不发达。坚果纵径4.0厘米，横径3.60厘米，侧径3.18厘米，壳厚1.0厘米。单果重13.9克，出仁率58.9%，易取整仁。内种皮颜色浅，核仁饱满，浅黄色，香味浓，无涩味；脂肪含量66.2%，蛋白质含量20.7%，坚果综合品质优良（彩图5-3）。

山东、山西、河南、河北、四川等地都有栽培，均表现出优良的丰产特性。

**2. 岱辉** 山东省果树研究所从早实核桃香玲实生后代中选出，1993年定为优系，2003年通过山东省林木良种审定委员会审定并命名。

该品种树姿开张，树冠密集紧凑，圆形（彩图5-4）。徒长枝多有棱状突起。新梢平均长10.4厘米，粗1.01厘米。结果母枝褐绿色，多年生枝灰白色。枝条粗壮，萌芽力、成枝力强，节间平均长为2.43厘米。分枝力强，为1：3，抽生强壮枝多，新梢尖削度大，为0.52。混合芽圆形，肥大饱满，二次枝有芽座，主、副芽分离，黄绿色，具有茸毛。混合芽抽生的结果枝着生2~4朵雌花，雌花柱头黄绿色；雄花序长8.5厘米左右。复叶长31.2厘米，小叶数7~9片，长椭圆形，小叶柄极短，顶生小叶具3.2~4.8厘米长的叶柄，且叶片较大，长12.4厘米，宽6.1厘米。嫁接苗定植后，第一年开花，第二年开始结果，坐果率为77%。侧花芽比率96.2%，多双果和三果（彩图5-5）。坚果圆形，壳面光滑，缝合线紧而平；单果重13.5克，可取整仁，仁重7.9克，壳厚1.0毫米；核仁饱满，味香不涩，出仁率58.5%，脂肪含量65.3%，蛋白质含量19.8%，品质优良（彩图5-6）。山东泰安地区3月中旬萌动，下旬发芽，4月10日左右雄花期，中旬雌花盛开，雄先型。果实9月上旬成熟，11月中下旬落叶。

山东、河北、河南、山西等省有栽培。

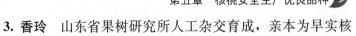

**3. 香玲** 山东省果树研究所人工杂交育成，亲本为早实核桃上宋5号×阿克苏9号，1989年定名。

该品种树势较强，树姿较直立，树冠呈半圆形，分枝力较强，一年生枝黄绿色，节间较短。混合芽近圆球形，大而离生，芽座小。侧生混合芽比率81.7%，嫁接后第二年形成混合花芽，雄花3～4年后出现。每雌花序多着生2朵雌花，坐果率60%左右。复叶长38.88厘米，复叶柄较细，小叶多5～7片，叶片较薄（彩图5-7）。坚果近圆形，基部平圆，果顶微尖。纵径3.94厘米，横径3.29厘米，侧径3.74厘米，平均坚果重12.4克。壳面刻沟浅，光滑美观，浅黄色；缝合线窄而平，结合紧密，壳厚1.0毫米左右。内褶壁退化，横膈膜膜质，易取整仁。核仁充实饱满，重7.8克，出仁率62.9%，脂肪含量65.48%，蛋白质含量21.63%。味香而不涩（彩图5-8）。山东泰安地区3月下旬萌动发芽，4月10日左右为雄花期，4月20日左右为雌花期。雄先型。8月下旬坚果成熟，11月上旬落叶。适宜于土层肥沃的地区栽培。

目前，在我国北至辽宁，南至贵州、云南，西至西藏、新疆等大多数地区都有大面积栽培。早期产量上得快，盛果期产量较高，大小年不明显。

**4. 丰辉** 山东省果树研究所1978年杂交育成，亲本为早实核桃上宋5号×阿克苏9号，1989年定名。

该品种树姿直立，树势中庸，树冠圆锥形，分枝力较强。一年生枝绿褐色，二次梢细弱，髓心大。混合芽半圆形，有芽座。复叶长38.5厘米，复叶柄较细。嫁接后第二年开始形成混合花芽，侧生混合芽比率88.9%，4年后形成雄花。每个雌花序着生2～3雌花，坐果率70%左右（彩图5-9）。坚果长椭圆形，基部圆，果顶尖。纵径4.36厘米，横径3.13厘米，单果重12.2克左右，壳面刻沟较浅，较光滑，浅黄色。缝合线窄而平，结合紧密，壳厚1.0毫米左右。内褶壁退化，横膈膜膜质，易取整仁。

核仁充实、饱满、美观，重 7.0 克，出仁率 57.7%。脂肪含量 61.77%，蛋白质含量 22.9%，味香而不涩（彩图 5-10）。山东泰安地区 3 月下旬发芽，4 月中旬雄花期，4 月下旬雌花期。雄先型。8 月下旬果实成熟，11 月中旬落叶。

产量较高，管理粗放条件下，大小年明显。不耐干旱和瘠薄，适合土层深厚的土壤栽培。主要栽培于山东、河北、山西、陕西、河南等省。

**5. 鲁光** 山东省果树研究所于 1978 年杂交育成，亲本为早实核桃新疆卡卡孜×上宋 6 号，1989 年定名。

该品种树姿开张，树冠呈半圆形，树势中庸，分枝力较强，一年生枝呈绿褐色，节间较长，侧生混合芽的比率为 80.76%，嫁接后第二年即开始形成混合芽，芽圆形，有芽座，3~4 年后出现较多。复叶长 43.2 厘米，复叶柄较粗，小叶数多为 5~9 片，叶片较厚。每雌花序着生 2 朵雌花，坐果率 65% 左右（彩图 5-11）。坚果长圆形，果基圆，果顶微尖，纵径 4.24~4.51 厘米，横径 3.57~3.87 厘米，坚果重 15.3~17.2 克。壳面壳沟浅，光滑美观，浅黄色；缝合线窄平，结合紧密，壳厚 0.8~1.0 毫米，内褶壁退化，横膈膜膜质，易取整仁。核仁充实饱满，重 8.1~9.7 克，出仁率 56%~60%；脂肪含量 66.38%，蛋白质含量 19.9%，味香不涩。产量较高，大小年不明显（彩图 5-12）。在山东泰安地区雄花期 4 月 10 日左右，雌花期 4 月 18 日左右，雄先型。8 月下旬坚果成熟，10 月下旬落叶。

不耐干旱，适宜在土层深厚的立地条件下栽植。主要栽培于山东、河南、山西、陕西、河北等地。

**6. 鲁丰** 山东省果树研究所杂交育成，亲本为早实核桃上宋 5 号×阿克苏 9 号，1985 年选出，1989 年定位优系。

该品种树姿直立，树冠呈半圆形，树势中庸，分枝力较强，一年生枝呈绿褐色，具光泽，髓心小。混合芽圆形、饱满。侧生混合芽的比率为 86.0%，早实型。复叶长 44.87 厘米，小叶呈

倒卵形。每雌花序多着生 2 朵雌花，雄花数量极少，坐果率
80.0％。果柄粗，长 3.5 厘米，青果皮绿色，茸毛稀。坚果椭圆
形，纵径 3.31～3.76 厘米，横径 3.03～3.28 厘米，侧径 3.15～
3.61 厘米，坚果重 10～12.5 克。壳面多浅沟，不光滑；缝合线
窄，稍隆起，结合紧密，壳厚 1.0～1.2 毫米，内褶壁退化，横
膈膜膜质，可取整仁。核仁充实，饱满，色浅。核仁重 6.3～
7.2 克，出仁率 58％～62％；味香甜，无涩味。11 年生母树株
产核桃 13 千克，嫁接苗 5 年生树株产坚果 3 千克。山东泰安地
区 3 月下旬发芽，雌花盛期 4 月 8 日左右，雄花 4 月 15 日左右，
雌先型。坚果 8 月下旬成熟，11 月下旬落叶，抗病性中等。

该品种坚果品质优良。丰产性强，雄花少，嫁接成活率高，
适宜在土层深厚的立地条件下栽培。已在山东、山西等地栽植。

**7. 鲁香** 山东省果树研究所 1978 年杂交育成，1985 年选
出，1989 年定位优系。

该品种树姿较开张，树冠呈纺锤形，树势中庸，分枝力中
等，一年生枝细长，髓心小。混合芽圆形，较小。侧生混合芽的
比率为 86％，复叶长 33.17 厘米，小叶呈椭圆形。每雌花序多
着生 2 朵雌花，雄花较少，坐果率 82％。果柄较细，长 3.6 厘
米，青果皮黄绿色，有黄色短茸毛（彩图 5-13）。坚果倒卵形，
果顶尖圆，果基平圆，纵径 3.97～4.35 厘米，横径 2.97～3.25
厘米，侧径 3.16～3.67 厘米，坚果重 11.3～13.2 克。壳面壳沟
浅密，较光滑，淡黄色；缝合线窄而平，结合紧密，不易开裂，
壳厚 0.9～1.1 毫米，内褶壁退化，横膈膜膜质，可取整仁。核
仁充实，饱满，色浅。核仁重 7.7～8.6 克，出仁率 65％～
67％；脂肪含量 64.58％，蛋白质含量 22.93％，有奶油香味，
无涩味（彩图 5-14）。10 年生母树株产核桃 12 千克，嫁接苗定
植第二年结果，第 5 年株产坚果 3 千克。

在山东泰安地区 3 月下旬发芽，4 月 15 日左右雄花盛期，
雌花盛期 4 月 22 日左右。雄先型。坚果 8 月下旬成熟，抗病

性强。

**8. 岱丰** 山东省果树研究所从早实核桃丰辉实生后代中选出，2000 年通过山东省农作物品种审定委员会审定并命名。

该品种树势较强，树姿直立，树冠成圆头形；枝条粗壮、光滑，较密集，一年生枝绿褐色。混合芽饱满，芽座小，贴生，二次枝上主、副芽分离，芽尖绿褐色。复叶长 41.2 厘米，小叶 4～7 片，顶端小叶椭圆形，长 17.1 厘米，宽 8.3 厘米，叶片大而厚，浓绿色。嫁接苗定植后，第一年开花，混合芽抽生的结果枝着生 2～3 朵雌花，雌花柱头绿黄色，雄花序长 9 厘米，第二年开始结果，坐果率为 70%。侧花芽比率 87%，多双果和三果（彩图 5-15）。坚果长椭圆形，浅黄色，果基圆，果顶微尖。坚果纵径 4.36～5.32 厘米，横径 3.43～3.65 厘米，侧径 3.19～3.62 厘米，单果重 13～15 克。壳面较光滑，缝合线紧密，稍凸，不易开裂。壳厚 0.9～1.1 毫米。内褶壁膜质，纵隔不发达。仁重 7.7～9.0 克，出仁率 55%～60%。内种皮色浅，易取整仁，核仁饱满，黄色，香味浓，无涩味，脂肪含量 66.5%，蛋白质含量 18.5%，坚果综合品质上等（彩图 5-16）。在泰安地区 3 月下旬发芽，4 月初枝条开始生长，4 月中旬雄花开放，下旬为雌花期。雄先型。9 月上旬果实成熟，11 月上旬落叶，植株营养生长期 210 天。雌花期与鲁丰等雌先型品种的雄花期基本一致，可作为授粉品种。

山东、河北、山西、北京、湖北等地都有栽培。

**9. 鲁核 1 号** 山东省果树研究所从新疆早实核桃实生后代中选出，2002 年定名。

该品种树势强，生长快，树姿直立。枝条粗壮、光滑（彩图 5-17）。新梢绿褐色，平均长 23.3 厘米，粗 0.79 厘米。混合芽尖圆，中大型，芽座小，贴生，二次枝上主、副芽分离，芽尖绿褐色；混合芽抽生的结果枝着生 2～3 朵雌花，雌花柱头绿黄色。雄花序长 9 厘米，复叶长 43.2 厘米，小叶 5～9 片，顶端小叶椭圆形，长 17.1 厘米，宽 8.3 厘米，叶片厚，浓绿色，叶缘全缘。嫁接苗定植后第二年开花，第三年结果，高接树第二年见果。高接 3 年株产坚果 3.1 千克，12 年生母树株产 15 千克以上。幼龄树生长快，3 年生树干径年平均增长 1.61 厘米，树高年平均增长 159 厘米；高接树生长迅速，高接 3 年主枝干径平均增长量为 2.31 厘米，年平均加长生长量为 130.84 厘米；10 年生母树高达 950 厘米，新梢长 23.3 厘米，粗 0.79 厘米，胸径年生长量 1.35 厘米。坚果圆锥形，浅黄色，果顶尖，果基圆，壳面光滑，单果重 13.2 克。坚果纵径 4.18～4.31 厘米，横径 3.19～3.32 厘米，侧径 3.18～3.35 厘米。缝合线稍凸，结合紧密，不易开裂，核壳有一定的强度，耐清洗、漂白及运输。壳厚 1.1～1.3 毫米，可取整仁。内褶壁膜质，纵隔不发达。内种皮浅黄色，核仁饱满，香而不涩，出仁率 55.0%，脂肪含量 67.3%，蛋白质含量 17.5%（彩图 5-18）。山东泰安地区 3 月下旬发芽，4 月初展叶，4 月中旬雄花开放，雌花期 4 月下旬。雄先型。8 月下旬果实成熟，果实发育期 123 天左右。11 月上旬落叶，植株营养生长期 210 天。

山东、河北、河南、湖北等地有栽培。

**10. 鲁果 1 号**　山东省果树研究所于 1981 年从新疆核桃实生苗中选出，1988 年定位优系。

该品种树姿较直立，树冠呈半圆形，树势中庸，分枝力中等，一年生枝黄绿色。芽圆形，侧生混合芽的比率为 75%，早实型。复叶长 41.2 厘米，小叶呈椭圆形。雄花较多，果柄较细，长 4.2 厘米。每雌花序多着生 2 朵雌花，坐果率 80%（彩图 5-19）。二次花量大，且多能坐果（彩图 5-20）。坚果椭圆形，果顶平圆，果肩微凸，果基平圆。纵径 3.86～4.34 厘米，横径 3.12～3.56 厘米，侧径 3.24～3.68 厘米，坚果重 12～14 克。壳面壳沟浅，较光滑；缝合线平，结合紧密，壳厚 1.1～1.3 毫米，内褶壁退化，横膈膜膜质，可取整仁，出仁率 55%～59%。

核仁充实，饱满，颜色中等。味香，微涩，蛋白质含量23.51％，脂肪含量63.96％（彩图5-21）。在山东泰安地区3月下旬发芽，雄花期4月中旬，雌花盛期4月下旬。雄先型。嫁接苗第二年结果，5年生树株产坚果3千克。坚果8月下旬成熟，抗病性较差。

**11. 鲁果2号** 山东省果树研究所从新疆早实核桃实生后代中选出，2007年12月通过山东省林木良种审定委员会审定并命名。

该品种树姿较直立，树冠圆锥形。当年生新梢浅褐色，粗壮，平均长25.3厘米，粗1.46厘米，结果枝长度平均13.8厘米，果枝率66.7％。复叶长44.5厘米，小叶7～9片，顶叶椭圆形，大型，长20厘米，宽12厘米。嫁接苗定植后第二年开花，第三年结果。混合芽圆，中大型，芽座小，贴生，多着生2～3朵雌花。雄花序长9厘米。母枝分枝力强，坐果率68.7％，侧花芽比率73.6％，多双果和三果（彩图5-22）。坚果柱形，顶部圆形，基部一边微隆，一边平圆；壳面较光滑，有浅纵纹；淡黄色；坚果纵径4.25～4.52厘米，横径3.21～3.58厘米，侧径3.85～4.13厘米；单果重14～16克，缝合线紧，平，壳厚0.8～1.0毫米，内褶壁退化，横隔膜膜质，易取整仁，出仁率56％～60％。核仁饱满，色浅味香，其蛋白质含量22.3％，脂肪含量71.36％（彩图5-23）。山东泰安地区3月下旬发芽，4月初展叶，上旬雄花开放，10日左右为雄花盛期，中旬雌花开放，雄先型。8月下旬果实成熟，果实发育期125天左右。

山东、河南、河北、湖北等省有一定栽培面积。

**12. 鲁果3号** 山东省果树研究所从新疆早实核桃实生后代中选出，2007年12月通过山东省林木良种审定委员会审定并命名。

该品种树势较强，树姿开张，树冠成圆头形；一年生枝深绿色，粗壮，平均长70厘米左右，有短绒毛；果枝率90％以上，结果枝平均长度 4.2 厘米，多中果枝，混合芽饱满，芽座小，侧花芽比率 87%，复叶长 35 厘米，小叶 7～9 片，顶端小叶椭圆形，长 17.1 厘米，宽 9.5 厘米，叶片大而厚，浓绿色，有短绒毛，叶面积重 21.19 毫克/厘米$^2$，叶绿素含量 3.14 毫克/厘米$^2$。嫁接苗定植后，第一年开花，抽生的结果枝着生 2～4 朵雌花。雄花序长 9 厘米，第二年开始结果，坐果率为 70%（彩图 5-24）。10 年生大树结果 1 014 个，平均每平方米冠幅投影面积结果 50.7 个，平均每平方米冠幅投影面积产核仁 0.373 2 千克。坚果近圆形，浅黄色，果基圆，果顶平圆。纵径 3.53～4.11 厘米，横径 3.15～3.58 厘米，侧径 3.0～3.27 厘米，单果重 11～12.8 克，壳面较光滑，缝合线边缘有麻壳；缝合线紧密，稍凸，不易开裂。壳厚 0.9～1.1 毫米。内褶壁膜质，纵隔不发达，易取整仁，核仁重 7.2～8.5 克，出仁率 58%～65%。内种皮色浅，核仁饱满，浅黄色，香味浓，无涩味；其蛋白质含量 21.38%，脂肪含量 71.8%（彩图 5-25）。山东泰安地区 3 月下旬发芽，4 月初枝条开始生长，4 月中旬雌花开放，4 月下旬为雄花期。雌先型。9 月上旬果实成熟，11 月上旬落叶。

山东、河北、河南、山西等省有一定栽培面积。

**13. 鲁果 4 号**　山东省果树研究所实生选出的大果型核桃品种，2007 年 12 月通过山东省林木良种审定委员会审定并命名。

该品种树姿较直立，树冠长圆头形。当年生新梢平均长 63 厘米，粗 1.65 厘米，枝皮率 87.3%。一年生枝浅绿色，无毛，具光泽，髓心小。混合芽圆形，饱满；二次枝有芽座，主、副芽分离，复叶长 45 厘米，复叶有小叶 7～9 片，顶生小叶具 3.5～5.0 厘米长的叶柄，且叶片较大，长 20 厘米，宽 12 厘米。叶片表面光滑，深绿色，叶面积重 20.01 毫克/厘米$^2$，叶绿素含量 3.08 克/厘米$^2$。嫁接苗定植后，第一年开花，混合芽抽生的结果枝长度为 6.8 厘米，着生 2～4 朵雌花，雄花芽圆柱形，雄花序长 9 厘米左右。第二年开始结果，正常管理条件下坐果率为

70%。侧花芽比率85%，多双果和三果，果柄短，为1.6厘米（彩图5-26）。坚果长圆形，果顶、果基均平圆，壳面较光滑，纵径4.75～5.73厘米，横径3.68～4.21厘米，侧径3.51～3.83厘米，平均坚果重16.5～23.2克，缝合线紧，稍凸，不易开裂。壳厚1.0～1.2毫米，可取整仁，出仁率52%～56%。内褶壁膜质，纵隔不发达。内种皮颜色浅，核仁饱满，色浅味香。其蛋白质含量21.96%，脂肪含量63.91%，坚果综合品质上等（彩图5-27）。山东泰安地区3月下旬发芽，4月初枝条开始生长，4月中旬雄花开放，4月下旬为雌花期。雄先型。9月上旬果实成熟，11月上旬落叶。

山东、河北、河南、北京等有一定栽培面积。

**14. 鲁果5号**　山东省果树研究所实生选出的大果型核桃品种，2007年通过山东省林木良种审定委员会审定并命名。

该品种树姿开张，树势壮硕稳健，树冠圆头形。一年生枝墨绿色，有短而密的柔毛，具光泽，髓心小。徒长枝多有棱状突起。新梢平均长70厘米，粗1.01厘米。结果母枝抽生的果枝多，果枝率高达92.3%。混合芽大，圆形，饱满。复叶长35厘米，小叶数7～9片，小叶柄极短，顶生小叶具3.2～4.8厘米长的叶柄，且叶片较大，长16.4厘米，宽10厘米。嫁接苗定植后，第一年开花，抽生的结果枝着生2～4朵雌花，雄花序长8.5厘米左右。第二年开始结果，坐果率为87%。侧花芽比率96.2%，多双果和三果（彩图5-28）。坚果长卵圆形，果顶尖圆，果基平圆，壳面较光滑，纵径4.77～5.34厘米，横径3.53～3.84厘米，侧径3.63～4.3厘米，平均坚果重16.7～23.5克。缝合线紧平，壳厚0.9～1.1毫米，内褶壁退化，横膈膜膜质，可取整仁，出仁率55.36%。核仁饱满，色浅味香，其蛋白质含量22.85%，脂肪含量59.67%，坚果综合品质上等（彩图5-29）。山东泰安地区3月下旬发芽，4月初枝条开始生长，4月中旬雄花开放，4月下旬为雌花期。雄先型。9月上旬

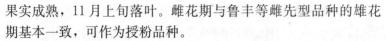

果实成熟，11月上旬落叶。雌花期与鲁丰等雌先型品种的雄花期基本一致，可作为授粉品种。

山东、山西、河北、河南、四川等省有栽培。

**15. 鲁果6号**　山东省果树研究所于1993年从早实核桃实生后代选出，1998年定为优系，2009年通过山东省林木良种审定委员会审定并命名。

该品种为雌先型，侧花芽率较高，果枝多双果和三果（彩图5-30），丰产性强，结果性状稳定，抗黑斑病和炭疽病能力较强，病果率均低于5％。坚果单果重13.5克，近圆形，顶部圆形，基部尖圆；壳面光滑；淡黄色；缝合线紧，平，壳厚1.2毫米，易取整仁，出仁率55.3％。核仁饱满，色浅味香，其蛋白质含量21.8％，脂肪含量64.9％，综合品质优良（彩图5-31）。

**16. 鲁果7号**　山东省果树研究所于1997从新疆早实核桃香玲与华北晚实核桃优株人工杂交后代选出，2003年定为优系，2009年通过山东省林木良种审定委员会审定并命名。

该品种树势较强，树姿开张，树冠成圆头形。4月中旬雄花、雌花均开放，雌、雄花期极为相近，但为雄先型。嫁接苗定植后，第一年开花，第二年开始结果，坐果率为70％。侧花芽比率85％，多双果（彩图5-32）。高接树4年亩①产297.14千克。坚果单果重13.2～15.3克，圆形，浅黄色，果基圆，果顶圆。壳面较光滑，缝合线平，结合紧密，不易开裂。内褶壁膜质，纵隔不发达。坚果纵径3.74厘米，横径3.52厘米，侧径3.44厘米，壳厚1.1毫米。易取整仁，仁重7.4克，内种皮浅黄色，核仁饱满，香味浓，无涩味；出仁率56.9％，其蛋白质含量20.8％，脂肪含量65.7％，每100克果仁含磷470毫克、锌3.3毫克，坚果综合品质上等（彩图5-33）。丘陵山地栽培好果率95％以上。

---

①　为非法定使用计量单位，15亩=1公顷。

**17. 鲁果 8 号**　山东省果树研究所从岱香核桃自然杂交后代选出，2002 年定为优系，2009 年通过山东省林木良种审定委员会审定并命名。

该品种花期晚，生长旺盛，结果早，抗病性强，坚果外观光滑美观，核壳与核仁间距大，易于机械取仁，核仁色浅，既适宜于带壳销售，也易于加工核仁。侧花芽比率 80%，多双果（彩图 5-34）。结果母枝抽生的果枝多为中长果枝，果枝率高达 81.2%。枝条粗壮，萌芽力、成枝力强。高接试验园堰边栽植，7 年生嫁接树亩产 394.34 千克。平均坚果重 12.6 克，近圆形，壳面较光滑，缝合线紧、窄而稍凸，不易开裂。壳厚 1.0 毫米，可取整仁，出仁率 55.1%。内褶壁膜质，纵隔不发达。内种皮颜色浅，核仁饱满，色浅味香。其蛋白质含量 20.8%，脂肪含量 66.1%，100 克果仁含磷 430 毫克、锌 3.57 毫克。坚果综合品质上等（彩图 5-35）。

**18. 辽核 1 号**　由辽宁省经济林研究所人工杂交育成。亲本是河北昌黎晚实大薄皮核桃优株 10103×新疆纸皮核桃中的早实单株 11001。1980 年定名。已在辽宁、河南、河北、陕西、山西、北京、山东和湖北等地大面积栽培。

该品种树势较旺，树姿直立或半开张，树冠圆头形，分枝力强，枝条粗壮密集。丰产性强，有抗病、抗风和抗寒能力。雄先型，中晚熟品种，结果枝属短枝型，侧生混合芽率为 90%，坐果率约 60%。丰产性强，5 年生树平均株产坚果 1.5 千克，最高达 5.1 千克。坚果圆形，果基平或圆，单果重 9.4 克，壳面较光滑，缝合线微隆起，结合紧密，壳厚 0.9 毫米。可取整仁，出仁率 59.6%，核仁黄白色，味香，充实饱满（彩图 5-36）。嫁接后第二年结果，在山东泰安地区 8 月下旬果实成熟，11 月上旬落叶。

**19. 辽核 2 号**　由辽宁省经济林研究所人工杂交育成。亲本是河北昌黎晚实大薄皮核桃优株 10104×新疆纸皮核桃中的早实单株 11001。1980 年定名。

该品种树势强，树姿半开张，分枝力强，枝条粗短，平均结果枝长 5～8 厘米，属于短枝型。雄先型，侧生混合芽率为96%，坐果率约 80%。丰产性强，大小年不明显，5 年生树平均株产坚果 3 千克。坚果椭圆形，果基平，果顶肩形，单果重12.6 克。壳面光滑，颜色较浅，缝合线平或微隆起，结合紧密，壳厚 1.0 毫米左右。内褶壁膜质，横隔窄或退化，可取整仁。出仁率 58.7%，核仁充实饱满，味香不涩（彩图 5-37）。嫁接后第二年结果，在山东泰安地区 8 月底果实成熟，11 月上旬落叶。适宜在我国北方核桃栽培区种植。

**20. 辽核 3 号**　由辽宁省经济林研究所人工杂交育成。亲本是河北昌黎晚实大薄皮核桃优株 10103×新疆纸皮核桃中的早实单株 11001。1989 年定名。已在辽宁、河南、河北、陕西和山西等地大面积栽培。

该品种树势中庸，树姿开张，分枝力强，尤其是抽生二次枝的能力强，枝条多密集。抗病、抗风性较强。雄先型，中晚熟品种，结果枝属短枝型，侧生混合芽率为 100%，坐果率约 60%，最高可达 80%。丰产性强，大小年不明显，5 年生树平均株产坚果 2.6 千克，最高达 4 千克。坚果椭圆形，果基圆形，顶部略细、微尖，单果重 12.4 克。壳面粗糙，颜色较深，为红褐色，缝合线平或微隆起，结合紧密，壳厚 1.0 毫米左右。内褶壁膜质，横隔窄或退化，可取整仁。出仁率 58.9%，核仁充实饱满，黄褐色（彩图 5-38）。嫁接后第二年结果，在山东泰安地区 8 月下旬果实成熟，11 月上旬落叶。适宜在我国北方核桃栽培区种植。

**21. 辽宁 4 号**　由辽宁省经济林研究所人工杂交育成。亲本是朝阳大核桃（晚实）×新疆纸皮核桃中的早实单株 11001。1990 年定名。已在辽宁、河南、河北、陕西、山西和山东等地大面积栽培。

该品种树势中庸，树姿直立或半开张，树冠圆头形，分枝力强。雄先型，晚熟品种，侧生混合芽率为 90%，每果枝平均坐果 1.5 个（彩图 5-39）。丰产性强，8 年生树平均株产坚果 6.9 千克，最高达 9.0 千克。大小年不明显。坚果圆形，果基圆形，顶部圆而微尖，单果重 11.4 克。壳面光滑美观，缝合线平或微隆起，结合紧密，壳厚 0.9 毫米左右。内褶壁膜质，横隔窄或退化，可取整仁。出仁率 59.7%，核仁充实饱满，黄白色。该品种果枝率和坐果率高，连续丰产性强，坚果品质优良。适应性、抗病性强，抗寒、耐旱。适宜在我国北方核桃栽培区种植。

**22. 辽宁 5 号** 由辽宁省经济林研究所人工杂交育成。亲本为新疆薄壳 3 号的实生株系 20905（早实）×新疆露仁 1 号的实生株系 20104（早实）。原代号为 7244/60801。1990 年定名。已在辽宁、河南、河北、陕西、山西、江西和山东等地大面积栽培。

该品种树势中等，树姿开张，分枝力强，枝条密集，果枝极短，平均为 4~6 厘米，属短枝型。雌先型，晚熟品种，侧生混合芽率为 95%，丰产性强（彩图 5-40）。坚果长扁圆形，果基圆，顶部肩状，微突尖，单果重 10.3 克。壳面光滑，色浅，缝合线宽而平，结合紧密，壳厚 1.1 毫米左右。内褶壁膜质，横隔窄或退化，可取整仁或 1/2 仁。出仁率 54.4%，核仁充实饱满，黄褐色。该品种果枝率和坐果率高，连续丰产性特强，坚果品质优良。抗病，特抗风，适宜在我国北方核桃栽培区种植。

**23. 辽核 6 号** 由辽宁省经济林研究所人工杂交育成。亲本是河北昌黎晚实长薄皮核桃优株 10301×新疆纸皮核桃中的早实单株 11001。1990 年定名。

该品种树势较强，树姿半开张，分枝力强。雌先型。坐果率 60% 以上，多双果，丰产性强，大小年不明显，嫁接后第二年结果。雄先型。坚果椭圆形，果基圆形，顶部略细、微尖，单果重 12.4 克。壳面粗糙，颜色较深，为红褐色，缝合线平或微隆起，

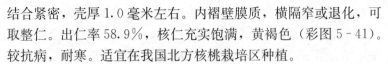

结合紧密，壳厚1.0毫米左右。内褶壁膜质，横隔窄或退化，可取整仁。出仁率58.9%，核仁充实饱满，黄褐色（彩图5-41）。较抗病，耐寒。适宜在我国北方核桃栽培区种植。

**24. 中林1号** 由中国林业科学研究院杂交育成。1989年定名。现已在河南、陕西、山西、四川和湖北等地大面积栽培。

该品种树势较强，树姿较直立，树冠椭圆形。分枝力强，丰产性强。雌先型，中熟品种。侧生混合芽比率90%以上，每个果枝平均坐果1.39个。丰产，高接在15年生砧木上，第三年最高株产坚果10千克。坚果圆形，果基圆，果顶扁圆，单果重14克，壳面粗糙，缝合线中宽凸起，结合紧密，壳厚1.0毫米，可取整仁或1/2仁，出仁率54%，核仁饱满，浅至中色，味香不涩（彩图5-42）。该品种生长势较强，生长迅速，丰产潜力大，较易嫁接繁殖。坚果品质中等，适应能力较强。核壳有一定的强度，耐清洗、漂白及运输，尤宜作加工品种。也是理想的林果兼用品种。可在华北、华中及西北地区栽培。

**25. 中林3号** 由中国林业科学研究院林业研究所杂交育成。1989年定名。现已在河南、陕西和山西等地栽培。

该品种树势较旺，树姿半开张，分枝力较强。雌先型，中熟品种。侧生混合芽比率50%以上，幼树2～3年开始结果。丰产性极强，6年生树株产坚果7千克以上。坚果椭圆形，单果重11克，壳面较光滑，在靠近缝合线处有麻点。缝合线窄而凸起，结合紧密，壳厚1.2毫米，内褶壁膜质，易取整仁，出仁率60%，核仁充实饱满，乳黄色，品质上等（彩图5-43）。该品种适应性强，品质佳，树势较旺，生长快，可作农田防护林的林果兼用树种。

**26. 中林5号** 由中国林业科学研究院杂交育成。1989年定名。现已在河南、陕西、山西、四川和湖南等地栽培。

该品种树势中庸，树姿较开张，树冠长椭圆或圆头形，分枝力枝条节间短而粗，丰产性好。雌先型，早熟品种。结果枝属短枝型，侧生混合芽比率90%，每个果枝平均坐果1.64个。坚果圆形果基平，果顶平。单果重13.3克，壳面光滑，缝合线窄而平，结合紧密，壳厚1.0毫米，内褶壁膜质，易取整仁，出仁率58%，核仁充实饱满，乳黄色，品质上等。该品种适应性强，特别丰产，品质优良，核壳较薄，不耐挤压，储藏、运输时应注意包装。适宜密植栽培。

**27. 中林6号** 由中国林业科学研究院林业研究所杂交育成。1989年定名。现已在河南、陕西和山西等地大栽培。

该品种树势较旺，树姿较开张，分枝力强。侧生混合芽比率95%以上，每个果枝平均坐果1.2个。较丰产，6年生树株产坚果4千克。坚果略为长圆形，单果重13.8克，壳面光滑，缝合线中等宽度，平滑且结合紧密，壳厚1.0毫米，内褶壁退化，横膈膜膜质，易取整仁，出仁率54.3%。核仁充实饱满，乳黄色，风味佳（彩图5-44）。

该品种生长势较旺，分枝力强，单果多，产量中上等。坚果品质极佳，宜带壳销售。抗病性较强。适宜在华北、中南及西南部分地区栽培。

**28. 新早丰** 由新疆维吾尔自治区林业科学院在阿克苏市温宿县早丰、薄壳核桃实生群体中选出。1989年定名。主要在新疆阿克苏市、喀什市和和田市等地栽培。现已在河南、陕西和辽宁等地栽培。

该品种树势中等，树姿开张，树冠圆头形，发枝力极强，侧生混合芽比率95%以上，每个果枝上平均坐果2个。一年生枝条粗壮。雄先型，中熟品种。嫁接苗第二年开始结果。该品种树势中庸，短果枝占43.8%，中果枝占55.6%，长果枝占0.6%。坚果椭圆形，果基圆，果顶渐小突尖，单果重13克。壳面光滑，缝合线平，结合紧密，壳厚1.2毫米，可取整仁，出仁率51.0%，核仁色浅，味香。

该品种发枝力强，坚果品质优良，早期丰产性好，较耐干

旱，抗寒，抗病性较强。适宜在肥水条件较好的地区栽培。

**29. 陕核 1 号**　由陕西省果树研究所从扶风县隔年核桃实生群体中选出。1989 年定名。已在陕西、河南、辽宁和北京等地栽培。

该品种树势较旺盛，树姿较开张，树冠半圆头形，小枝粗壮、节间短，为短枝型品种。分枝力强，丰产性和抗病性均好。侧芽形成混合花芽的比例为 70%。适宜在年平均温度 10℃以上、生长期 180 天以上的地区种植。发芽较早，雄先型。该品种适应性强，早期丰产，抗病性强，适宜作仁用品种和授粉品种。坚果圆形。坚果平均重 12 克。壳面光滑，色较浅；缝合线窄而平，结合紧密，易取整仁。核仁平均重 7.1 克，出仁率 60%。核仁充实饱满，色乳黄，风味优良。

该品种以短果枝结果，丰产，但坚果较小。适宜加工销售，可在西北、华北核桃栽培区栽培。

**30. 陕核 5 号**　由陕西省果树研究所从新疆早实核桃实生树中选出。在陕西陇县、眉县和商洛等地成片栽植。现已在河南、山西、北京、辽宁和山东等地栽培。

该品种树势较旺盛，树姿半开张，枝条长而细，分布较稀，分枝力为 1∶4.6，侧芽形成混合花芽的比例为 100%，平均每个果枝坐果 1.3 个。雌先型，在陕西 4 月上旬发芽；4 月下旬雌花盛开，雄花散粉始于 5 月上旬。9 月上旬坚果成熟，9 月下旬开始落叶。坚果中等偏大，长圆形。坚果平均重 10.7 克。壳薄，有时露仁，取仁极易，可取整仁。核仁平均重 5.9 克，出仁率 55%。仁色浅，风味甜香，脂肪含量为 69.07%。

该优系树体生长快，坚果品质优良，但早期丰产性较差，核仁常不充实。适宜在肥水条件较好的条件下栽植或与农作物间种。

**31. 西林 1 号**　由西北林业科学院于 1978 年从新疆核桃实生树中选出。1984 年定名。

该品种坚果长圆形。平均重 10 克，壳面光滑，有浅麻点，色较浅，缝合线窄而平，结合紧密，易取整仁。核仁重 5.6 克，出仁率 56％。核仁充实饱满，色乳黄，风味优良。嫁接树第二年开始结果。树势旺盛，树姿开张，小枝节间中等。适宜在年平均温度 10℃以上、生长期 200 天以上的地区种植。发芽较早，雄先型。该品种适应性强，抗病强，适宜在山地栽培。

**32. 西林 2 号**　由西北林业科学院于 1978 年从新疆核桃实生树中选出。1989 年定名。

该品种坚果圆形。平均坚果重 17 克，壳面光滑，少有浅麻点。缝合线窄而平，结合紧密，易取整仁。壳厚 1.1～1.3 毫米，内褶壁退化，横膈膜膜质，可取整仁，核仁重 8.65 克，出仁率 61％。核仁饱满，色浅味香，其蛋白质含量 17.68％，脂肪含量 71.6％，坚果综合品质上等。核仁充实饱满，色乳黄，风味优良。

# 二、晚实品种

**1. 清香**　日本清水直江从晚实核桃实生群体中选出，1948 年登记，1983 年引入我国。我国大部分核桃产区均有栽培，表现良好。

该品种坚果较大，平均单果重 12.4 克，近圆锥形，大小均匀，壳皮光滑，淡褐色，外形美观，缝合线紧密。种仁饱满，内褶壁退化，取仁容易，出仁率 52％～53％。种仁蛋白质含量 23.1％，脂肪含量 65.8％。仁色浅黄，风味极佳。树体中等大小，树姿半开张，雄先型。幼树生长较旺，结果后树势稳定。丰产性好。抗寒、抗晚霜、抗病性均较强。

**2. 晋龙 1 号**　由山西省林业科学研究院从实生核桃群体中选出。1990 年定名。主要栽培于山西、北京、陕西等地。

该品种幼树树姿较旺，结果后逐渐开张。树冠圆头形，分枝力中等。嫁接后2～3年开始结果，3～4年后出现雄花。雄先型。果枝率为45%左右，果枝平均长7厘米，属中、短果枝型。每果枝平均坐果1.5个，坐果率65%左右，多双果。坚果近圆形，果基微圆，果顶平。纵径、横径和侧径平均为3.82厘米，坚果重14.85克。壳面较光滑，有小麻点。缝合线窄而平，结合较紧密，壳厚1.09毫米。内褶壁退化，横膈膜膜质，易取整仁。出仁率为61%。仁饱满，黄白色，品质上等。

该品种果型大，品质优，适应性强，2年生嫁接苗开花株率达到23%，抗寒，抗旱，抗病性强，适宜在华北、西北丘陵山区发展。

**3. 晋龙2号** 由山西省林业科学研究院从实生核桃群体中选出。1990年定名。主要栽培于山西、山东和北京等地。

该品种树势强，树姿开张，树冠半圆形，雄先型，中熟品种。果枝率为12.6%左右，每果枝平均坐果1.53个。嫁接后3年开花结果，8年生树株产坚果5千克左右。坚果近圆形，纵径、横径和侧径平均为3.77厘米，坚果重15.92克。壳面光滑美观，缝合线窄而平，结合较紧密，壳厚1.22毫米。内褶壁退化，横膈膜膜质，可取整仁。出仁率为56.7%。仁饱满，黄白色，风味香甜，品质上等。

该品种果型大而美观，生食、加工皆宜，丰产、稳产，抗逆性较强。适宜在华北、西北丘陵山区发展。

**4. 礼品1号** 由辽宁省经济林研究院从新疆晚实纸皮核桃的实生后代中选出。1989年定名。已在辽宁、河南、北京、陕西、河北、山西和甘肃等地栽培。

该品种树势中庸，树姿开张，分枝力中等。雄先型，中熟品种。实生树6年生或嫁接树3年生出现雌花，6～8年出现雄花，丰产性中等。果枝率为50%左右，每个果枝平均坐果1.2个，坐果率50%以上，属长果枝型。坚果长圆形，基部圆，顶部圆而微尖。坚果大小均匀，果形美观。纵径、横径和侧径平均为

3.6 厘米，坚果重 9.7 克左右。壳面刻沟极少而浅，缝合线平而紧密，壳厚 0.6 毫米左右。内褶壁退化，可取整仁。种仁饱满，种皮黄白色。出仁率 70.0%，品质极佳（彩图 5 - 45）。抗病，耐寒，适宜北方栽培区发展。

**5. 礼品 2 号** 由辽宁省经济林研究院从新疆晚实纸皮核桃的实生后代中选出。1989 年定名。已在辽宁、河南、北京、河北和山西等地栽培。

该品种树势中庸，树姿半开张，分枝力较强。雌先型，中熟品种。实生树 6 年生或嫁接树 4 年生开花结果，高接后 3 年结果，结果母枝顶部抽生 2~4 个结果枝，果枝率为 60% 左右，属中、短果枝型，每个果枝平均坐果 1.3 个，坐果率 70% 以上，多双果。丰产，15 年生母树年产坚果 14.6 千克，10 年生嫁接树株产坚果 5.4 千克。坚果较大，长圆形，基部圆，顶部圆而微尖。纵径、横径和侧径平均为 4.0 厘米，坚果重 13.5 克左右。壳面较光滑，缝合线平，结合较紧密，但轻捏即开，壳厚 0.7 毫米左右。内褶壁退化，极易取整仁。种仁饱满，出仁率 67.4%。品质极佳。

该品种抗病，坚果大，壳极薄，出仁率极高，属纸皮类。适宜北方栽培区发展。

**6. 晋薄 1 号** 由山西省林业科学研究院从山西孝义晚实实生核桃群体中选出。1991 年定名。主要在陕西、山东和河南等地。

该品种树冠高大，树势强健，树姿开张，树冠半圆形，分枝力强。中熟品种。每个雌花序多着生两朵雌花，双果较多。坚果长圆形。纵径、横径和侧径平均为 3.38 厘米，坚果重 11.0 克。壳面光滑美观，缝合线窄而平，结合紧密，壳厚 0.86 毫米。内褶壁退化，横膈膜膜质，可取整仁。出仁率为 63% 左右。仁乳黄色，饱满，风味香甜，品质上等。

该品种坚果品质极优，果形美观，壳薄、仁厚。生食与加工皆宜。高接 3 年开始结果，较丰产，抗性强。适宜在华北、西北丘陵山区发展。

**7. 晋薄 2 号**　由山西省林业科学研究院从山西汾阳晚实实生核桃群体中选出。1991 年定名。主要在山西、山东和河南等地。

该品种树冠中庸，树冠中大，树冠圆球形，分枝力较强。雄先型，中熟品种。以短果枝结果为主，每个雌花序多着生 2～3 朵雌花，双果、三果较多。坚果圆形。纵径、横径和侧径平均为 3.67 厘米，坚果重 12.1 克。壳厚 0.63 毫米。表皮光滑，少数露仁。内褶壁退化，横隔膜膜质，可取整仁。出仁率为 71.1％左右。仁乳黄色，饱满，风味香甜，品质上等。

该品种坚果品质极优，出仁率高，生食与加工皆宜。高接 3 年开始结果，抗寒、抗旱，抗病性强。适宜在华北、西北丘陵山区发展。

**8. 西洛 1 号**　由原西北林学院从陕西洛南县核桃实生园中选出。1984 年定名。主要在陕西、甘肃、山西、河南、山东、四川和河北等地栽培。

该品种树势中庸，树姿直立，盛果期较开张，分枝力较强。雄先型。晚熟品种。侧生混合芽率 12％，果枝率为 35％，长、中、短果枝的比例为 40：29：31。坐果率为 60％左右，多双果（彩图 5-46）。坚果近圆形，果基圆形。纵径、横径和侧径平均为 3.57 厘米，坚果重 13 克。壳面较光滑。缝合线窄而平，结合紧密，壳厚 1.13 毫米。内褶壁退化，横隔膜膜质，易取整仁。出仁率为 57％。核仁充实饱满，风味香脆。

该品种果实大小均匀，品质极优。适宜在秦岭大巴山区、黄土高原以及华北平原地区栽培。

**9. 西洛 2 号**　由原西北林学院从陕西洛南县核桃实生园中选出。1987 年定名。主要在陕西、甘肃、山西、河南、宁夏和四川等地栽培。

该品种树势中庸，树姿早期较直立，以后多开张，分枝力中等。雄先型。晚熟品种。侧生混合芽率 30%，果枝率为 44%，长、中、短果枝的比例为 40∶30∶30。坐果率为 65% 左右，其中 85% 为双果。坚果长圆形，果基圆形。纵径、横径和侧径平均为 3.6 厘米，坚果重 13.1 克。壳面较光滑，有稀疏小麻点。缝合线平，结合紧密，壳厚 1.26 毫米。内褶壁退化，横膈膜膜质，易取仁。出仁率为 54%。核仁充实饱满，味香脆不涩。

该品种有较强的抗旱、抗病性，耐瘠薄土地。坚果外形美观，核仁甜香。在不同立地条件下均表现丰产。适宜在秦岭大巴山区，西北、华北地区栽培。

# 第六章

# 核桃良种壮苗繁育

## 第一节　砧木的选择

### 一、优良砧木的标准

目前，核桃生产主要是实生砧木，即利用种子繁育而成的实生苗，作为嫁接苗的砧木，要求其种子来源广泛，繁育方法简便，繁殖系数高，而且亲和力好，适应性强。

选择适宜于当地条件的砧木，培育健壮的优良品种苗木，是保证丰产的先决条件，是发展核桃生产的基础条件之一。

（1）生长势强　能迅速扩大根系，促进树体生长。砧木对树体生长具有决定性的影响。

（2）抗逆性强　尤其是对土壤盐碱的抗性。

（3）抗病性强　目前已开始频繁发生核桃根系病害，因此应针对生产地区的主要病害选用抗病性强的砧木。

（4）嫁接亲和力强　嫁接亲和力直接影响嫁接成活率及建园后的经济效益。

### 二、砧木选择

核桃砧木在美国和法国主要采用美国黑核桃（*J. nigra* L.）、北加州黑核桃（*Juglans hindsii* Rthd.），亦称函兹核桃以及一些种间杂种，如奇异核桃（Paradox，即 $J. hindsii. \times regia$）等。日本多用心形核桃（$J. subcordiformis$ Dode）和吉宝核桃（$J. sieboldiana$ Maxim.）做砧木。

我国核桃资源丰富，原产我国和国外引进的共有 9 个种，其中用于砧木的 7 个种，即核桃、铁核桃、核桃楸、野核桃、麻核桃、吉宝核桃和心形核桃，枫杨虽然不是核桃属，但有时也可做核桃砧木（表 6-1）。

**表 6-1　核桃主要砧木种类及其特性**

| 树　种 | 特　　性 |
| --- | --- |
| 核桃 | 亲和力强，成活率高，实生苗变异大，对盐碱、水淹、根腐、线虫等敏感，是我国北方核桃地栽培区常用的砧木。 |
| 铁核桃 | 亲和力较强，生长势旺，抗寒性差，适应北亚热带气候，是我国云、贵、川等省栽培中常用的砧木，在北方不能越冬。 |
| 核桃楸 | 亲和力较强，实生苗变异大，抗寒不耐干旱，苗期长势差，易发生小脚现象。 |
| 野核桃 | 耐干旱，耐瘠薄，适应性强，易发生小脚现象，适于山地和丘陵地区栽植。 |
| 黑核桃 | 抗寒性强，较抗线虫和根腐，有矮化及提早结实的作用，有黑线病。 |
| 加州黑核桃 | 亲和力强，对线虫、根腐病敏感，较抗蜜环菌。 |
| 得克萨斯黑核桃 | 亲和力强，矮化，耐盐碱。 |
| 枫　杨 | 耐水淹，根系发达，适应性强。山东省有枫杨嫁接核桃的先例，但生产上保存率很低。 |
| 奇异核桃 | 抗线虫、根腐病，耐山地瘠薄，生长快速，优良的核桃砧木。 |

## （一）核桃（$J. regia$ L.）

核桃做本砧嫁接亲和力强，接口愈合牢固，我国北方普遍使用。河北、河南、山西、山东、北京等地近几年嫁接的核桃苗均采用本砧。其成活率高，生长结果正常。但是，由于长期采用商

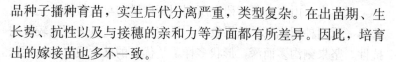

品种子播种育苗，实生后代分离严重，类型复杂。在出苗期、生长势、抗性以及与接穗的亲和力等方面都有所差异。因此，培育出的嫁接苗也多不一致。

### （二）铁核桃（*J. sigillata* Dode）

铁核桃的野生类型又叫夹核桃、坚核桃、硬壳核桃等。他与泡核桃是同一个种的两个类型，主要分布于我国西南各省，坚果壳厚而硬，果形较小，取仁困难，出仁率低，壳面刻沟深而密，商品价值低。

实生的铁核桃是泡核桃、娘青核桃、三台核桃、大白壳核桃、细香核桃等优良品种的良好砧木，砧穗亲和力强，嫁接成活率高，愈合良好，无大、小脚现象。用铁核桃嫁接泡核桃的方法在我国云南、贵州等地应用历史悠久，效益显著。在实现品种化栽培方面，起到了良好的示范作用。

### （三）核桃楸（*J. mandshurica* Maxim.）

核桃楸又叫楸子、山核桃等。主要分布在我国东北和华北各省，垂直分布可达海拔 2 000 米以上。其根系发达，适应性强，十分耐寒，也耐干旱和瘠薄，是核桃属中最耐寒的一个种。果实壳厚而硬，难以取仁，表面壳沟密而深，商品价值低。核桃楸野生于山林当中，种子来源广泛，育苗成本低，能增加品种树的抗性，扩大核桃的分布区域。但是，核桃楸嫁接品种，后期容易出现"小脚"现象。

### （四）野核桃（*J. cathayensis* Dode）和麻核桃（*J. hopeiensis* Hu）

野核桃主要分布于江苏、江西、浙江、湖北、四川、贵州、云南、甘肃、陕西等地，常见于湿润的杂林中，垂直分布在海拔 800~2 000 米。果实个小，壳硬，出仁率低，多用做核桃砧木。

近年来，山东省果树研究所利用野核桃与早实核桃杂交，也选出一系列种间优系，结果较早，果实较大，而且表现出较好的抗性，坚果刻沟多而深，形状多样，是优良的砧木或工艺核桃选育的材料。

麻核桃又叫河北核桃，是核桃与核桃楸的自然杂交种。主要分布于河北和北京，山西、山东也有发现。麻核桃与核桃的嫁接亲和力很强，嫁接成活率也高，可做核桃砧木，只是种子来源少，产量低。坚果多数个大，壳厚，核仁少，刻沟极深，虽无食用价值，但形态雅致，常作为保健用的"揉手"或雕刻为价格高的工艺品。

## （五）吉宝核桃（*J. sieboldiana* Maxim.）和心形核桃（*J. subcordiformis* Dode）

吉宝核桃又叫鬼核桃，原产于日本北部和中部山林中。20世纪30年代引入我国，可作为核桃育种亲本和嫁接核桃的砧木，其抗性仅次于核桃楸，并且不抽条，与核桃亲和力强。

心形核桃又叫姬核桃，果实扁心脏形，果小，是良好的果材兼用树种，原产于日本，是核桃嫁接的良好砧木。

## （六）枫杨（*Pterocarya stenoptera* C. DC）

枫杨又叫枰柳、麻柳、水槐树等，在我国分布很广，多生于湿润的沟谷或河滩。用枫杨嫁接核桃历史悠久，在山东、安徽、河南、江苏等地都曾推广，山东历城至今还有枫杨嫁接的百年核桃大树和成片核桃园。

多年实践证明，用枫杨做砧木嫁接核桃优良品种可使核桃在低洼潮湿的环境中正常生长结果，有利于扩大核桃栽培区域，但是，如果嫁接部位稍高，容易出现"小脚"现象和后期不亲和，保存率较低，因此生产上不宜大力推广。

# 第二节　砧木苗培育

## 一、苗圃地的选择

苗圃地应具备地势平坦、土壤疏松肥沃、背风向阳、土质差异小、水源充足、交通便利等条件。地下水位应在1~1.5米以下，因低洼地和地下水位高的地方苗木根系不发达，容易积水以至出现涝害和霜冻。肥沃的土壤通气条件好，水、肥、气、温协调，有利于种子发育和幼苗生长。另外，幼苗期根系浅，耐旱力差，对水分要求高。因此，水源充足是保证苗木质量的重要条件。也不能选用重茬地，因为重茬地土壤中必需营养元素不足且积累有害元素，会使苗木产量和质量降低。

整地是苗木生长质量的重要环节，主要是指对土壤进行精耕细作。通过整地可增加土壤的通气透水性，并有蓄水保墒、翻埋杂草残茬、混拌肥料及消灭病虫害等作用。由于核桃幼苗的主根很深，深耕有利于幼苗根系生长。翻耕深度应因时、因地制宜。秋耕宜深（20~25厘米），春耕宜浅（15~20厘米）；干旱地区宜深，多雨地区宜浅；土层厚时宜深，河滩地宜浅；移植苗宜深（25~30厘米），播种苗宜浅。北方宜在秋季深耕并结合进行施肥及灌冻水。春播前可再浅耕一次，然后耙平供播种用。

## 二、核桃种子的采集和贮藏

### （一）核桃种子的采集

选择生长健壮、无病虫害、种仁饱满的壮龄树为采种母树。当坚果青皮由绿变黄并开裂时可采收。此时的种子内部生理活动微弱，含水量少，发育充实，最易贮存。若采收过早，胚发育不完全。贮藏养分不足，晒干后种仁干瘪，发芽率低，即使发芽出苗，生活力弱，也难成壮苗。

采种方法有检拾法和打落法两种，前者是随坚果自然落地，定期检拾；后者是当树上果实青皮有 1/3 以上开裂时打落。种用核桃不用漂洗，可直接脱青皮晾晒。晾晒的种子要薄层摊在通风干燥处，不宜放在水泥地面、石板或铁板上受阳光直接曝晒，否则会影响种子的生活力。

### （二）核桃种子的贮藏

核桃种子无后熟期。秋播的种子在采收后 1 个多月就可播种，有的可带青皮播种，晾晒不需干透。多数地区以春播为主，春播的种子贮藏时间较长。贮藏时应保持在 5℃ 左右，空气相对湿度 50%～60%，适当通气。核桃种子主要采用室内干藏法贮藏。干藏分为普通干藏和密封干藏两种。前者是将秋采的干燥种子装入袋或缸等容器内，放在低温、干燥、通风的室内或地窖内。种子少时要用密封干藏法贮藏，即将种子装入双层塑料袋内，并放入干燥剂密封，然后放入可控温、控湿、通风的种子库或贮藏室内。

除室内干藏以外，也可采用室外湿沙贮藏法，即选择排水良好、背风向阳、无鼠害的地方，挖掘贮藏坑，一般深 0.7～1 米，宽 1～1.5 米，长度依种子多少而定。种子贮藏前应进行选择，即将种子泡在水中，将漂浮于水上、种仁不饱满的种子挑出。种子浸泡 2～3 天后取出并沙藏。先在坑底铺一层湿沙（以手握成团不滴水为度），厚约 10 厘米，放上一层核桃后用湿沙填满核桃间的空隙，厚约 10 厘米，然后再放一层核桃，再填沙，一层一层直到距坑口 20 厘米处时，用湿沙覆盖与坑口持平，上面用土培成脊形。同时，在贮藏坑四周挖排水沟，以免积水浸入坑内，造成种子霉烂。为保证贮藏坑内空气流通，应于坑的中间（坑长时每隔 2 米）竖一草把，直达坑底。坑上覆土厚度依当地气温高低而定。早春应随时注意检查坑内种子状况，不要使其霉烂。

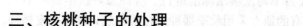

### 三、核桃种子的处理

核桃的播种时间分为秋季播种和春季播种。秋季播种，由于核桃种子在播种后可在土壤中自然完成层积过程，因而可以直接播种，但最好先将核桃种子用水侵泡 24 小时，使种子充分吸水后再播种。

春季播种必须进行一定处理才能使种子发芽。常用方法有如下几种。

**1. 冷水浸种法** 用冷水浸种 7～10 天，每天换一次水；或将盛有核桃种子的麻袋放在流水中，使其吸水膨胀裂口，即可播种。

**2. 冷浸日晒法** 将冷水浸过 7～10 天左右的种子置于阳光下曝晒，待大部分种子裂口后即可播种。

**3. 温水浸种法** 将种子放在 80℃温水缸中搅拌，使其自然降至常温后，浸泡 8～10 天，每天换水，种子膨胀裂口后捞出播种。

**4. 开水浸种法** 当时间紧迫，种子未经沙藏急需播种时，可将种子放入缸内，然后倒入种量 1.5～2 倍的开水，随倒随搅拌，2～3 分钟后捞出，播种；也可搅到水温不烫手时将种子捞出，放入凉水中浸泡一昼夜，再捞出播种。此法还可同时烫死种子表面的病原菌，但薄壳和露仁种子不能采用这种方法。

**5. 石灰水浸种法** 据山西汾阳市南偏城的经验，将种子浸在石灰水溶液中（每 50 千克种子用 5 千克生石灰和 10 千克水）浸泡 7～8 天，不需换水，然后捞出曝晒几个小时，待种子裂口时，即可播种。

### 四、播种

#### （一）播种时期

南方温暖适于秋播，北方寒冷适于春播。秋播一般在 10 月中旬至 11 月下旬土壤结冻前进行。应注意，秋季播种不宜过早或过晚。有的地方采用秋季播种是在采收后直接带青皮播种。秋播的优点是不必进行种子处理，春季出苗整齐，苗木生长健壮。春播一般在 3 月下旬至 4 月上旬土壤解冻以后进行。春播的缺点是播种期短，田间作业紧迫，且气候干燥，不易保持土壤湿度，苗木生长期短，生长量小。

### （二）播种方法

核桃为大粒种子，一般均用点播法。播种时，壳的缝合线应与地面垂直，使苗基及主根均垂直生长，否则会造成根颈或幼茎的弯曲。播种深度一般在 6～8 厘米为宜，墒情好，播种已发芽的种子覆土宜浅些；土壤干旱或种子未裂嘴时，覆土略深些，必要时可覆盖薄膜以增温保湿，播种已发芽的种子，可将胚根根尖削去 1 毫米，促使侧根发育。

### （三）播种密度

行距实行宽窄行，即宽行 50 厘米，窄行 30 厘米，株距 25 厘米，每亩出苗 6 000～7 000 株，一般当年生苗在较好的环境条件下，可达 60～80 厘米高，根基直径 2 厘米左右，即可作砧木用。

### （四）砧木苗的管理

春季播种后 20～30 天左右，种子陆续破土出苗，大约在 40 天左右苗木出齐。为了培养健壮的苗木，应加强核桃苗期管理。

**1. 补苗**　当苗木大量出土时，应及时检查，若缺苗严重，应及时补苗，以保证单位面积的成苗数量。补苗可用水浸催芽的种子点播，也可将边行的幼苗带土移栽。

**2. 中耕除草**　在苗木生长期对土壤进行中耕松土，以减少蒸发，防止地表板结，促进气体交换，促进幼苗健壮生长。中耕深度前期 2～4 厘米，后期可逐步加深至 8～10 厘米。苗圃地的杂草生长快，繁殖力强，与幼苗争夺水分、养分和光强，有些杂草还是病虫害的媒介和寄生场所，因此育苗地的杂草应及时清除。

**3. 施肥灌水**　一般在核桃苗木出齐前不需灌水，以免造成地面板结。但北方一些地区，春季干旱多风，土壤墒情较差时，出苗率大受影响，这时应及时灌水，并视具体情况进行浅松土。苗木出齐后，为了加速生长，应及时灌水。5～6 月份是苗木生长的关键时期，北方一般要灌水 2～3 次，结合追速效氮肥 2 次，每次每亩施尿素 10 千克左右。7～8 月雨量较多，灌水要根据雨情灵活掌握，并追施磷、钾肥 2 次。9～11 月份一般灌水 2～3 次，特别是最后一次冻水应予以保证，幼苗生长期还可进行根外追肥，用 0.3% 的尿素或磷酸二氢钾喷布叶片，每 7～10 天一次。在雨水多的地区或季节要注意排水，以防苗木晚秋徒长和烂根死苗。

**4. 摘心**　当砧木长至 30 厘米高时可摘心，促进基部增粗。发现顶芽受害而萌生 2～3 个头时要及时剪除弱头，保留 1 个较强的正头。

**5. 断根**　核桃直播砧木苗主根扎得很深，一般长 1 米左右，侧根较少，掘苗时主根极易折断，且苗木根系不发达，栽植后成活率低，缓苗慢，生长势弱。因此，常于夏末秋初给砧木苗断根，以控制主根伸长，促进侧根生长。断根的方法是用断根铲，在行间距苗木基部 20 厘米处与地面呈 45°角斜插，用力猛蹬踏板，将主根切断，也可用长方形铁锹在苗木行间一侧，距砧木 20 厘米处开沟，深 10～15 厘米，然后在沟底内侧用铁锹斜蹬，将主根切断，断根后应及时浇水、中耕。半月后可叶片喷肥 1～2 次，以增加营养积累。

**6. 病虫害防治**　核桃苗木的病害主要有细菌性黑斑病，害虫主要有象鼻虫、金龟子、浮尘子等，应注意防治。

# 第三节 品种嫁接苗的繁育

## 一、接穗的培育及采集

目前，我国核桃生产正在由实生繁殖向无性繁殖和品种化方向发展，优良苗木接穗紧缺，加之核桃嫁接时对接穗质量要求较高，大量结果后的核桃树（尤其是早实核桃）很难长出优质的接穗。因此，核桃与其他果树相比，建立良种采穗圃，培育优质接穗，更为重要。

### （一）采穗圃的建立

建立采穗圃可直接用优良品种（或品系）的嫁接苗，也可先栽砧木苗，然后嫁接，还可用幼龄核桃园高接换头而成。无论采用哪种方法，采穗圃均应建在地势平担、背风向阳、土壤肥沃、有排灌条件、交通便利的地方，并尽可能建在苗圃地内或附近。定植前必须细致整地，施足基肥，所用苗木一定要经过严格选择，品种一定要纯，无病虫害，来源可靠。定植时，应按设计图准确排列，不能搞乱。栽后要填写登记表，绘制定制图。采穗圃的株行距可稍小，一般株距 2～4 米，行距 4～5 米。

### （二）采穗圃的管理

一般对采穗母树的树形要求不严，但由于优质接穗多生长在树冠上部，故树形多采用开心形、圆头形或自然形，树高控制在1.5 米以内。修剪主要是调整树形，疏去过密枝、干枯枝、下垂枝、病虫枝和受害枝。春季新梢长到 10～30 厘米时对生长过强梢要进行摘心，以促进分枝，增加接穗数量，还可以防止生长过粗而不便嫁接。另外，还应抹去过密、过弱的芽，以减少养分消耗。如有雄花应于膨大期前抹除。

定植后 3 年内可在行间种植绿肥，也可间作适宜的农作物或经济作物，这样既可充分利用土地，又可防止杂草丛生。每年秋季要施基肥，每亩 3 000~4 000 千克，追肥和灌水的重点要放在前期，发芽前和开花后各追肥一次，每次每亩施尿素 20 千克。3~5 月每月浇水一次，也可结合追肥进行。夏秋季要适当控水，以防徒长和控制二次枝，10 月下旬结合施基肥浇足冻水。生长季节每次浇水后中耕除草，雨季要注意排涝。

采穗过多会因伤流量大、叶面积少而削弱树势，因此不能过量采穗。特别是幼龄树，采穗时要注意有利于树冠形成，保证树形完整，使采穗量逐年增加。一般定植第二年每株可采接穗 1~2 根，第 3 年 3~5 根，第 4 年 8~10 根，第 5 年 10~20 根。以后则要考虑树形和果实产量，并在适当时机将采穗圃转为丰产园。

采穗圃的病虫害防治非常重要，必须及时进行。由于每年大量采接穗，造成较多伤口，极易发生干腐病、腐烂病、黑斑病、炭疽病等。无论病害严重与否，都要以防为主。一般在春季萌芽前喷一次 5 波美度的石硫合剂；6~7 月每隔 10~15 天喷等量式波尔多液 200 倍液一次，连续喷 3 次。圃内的枯枝残叶要及时清理干净。

### （三）接穗采集及贮运

**1. 硬枝接穗** 从核桃落叶后直到芽萌动前都可采集。各地气候条件不同，采穗的具体时间不一样，北方核桃抽条严重，冬季或早春枝条易受冻害，因此宜在秋末冬初采集接穗。此时采的接穗只要贮藏条件好，防止枝条失水或受冻，均可保证嫁接成活。冬季抽条和冻害轻微地区或采穗母树为成龄树时，可在春季芽萌动之前采集。此时接穗的水分充足，芽处于即将萌动状态，嫁接成活率高，可随采随用或短期贮藏。

采穗时宜用手剪或高枝剪，忌用镰刀削。剪口要平，不要剪成斜茬。采后将穗条按长短粗细分级，每 30～50 条一捆，基部对齐，剪去过长、弯曲、不成熟顶梢、有条件的用蜡封剪口，最后用标签标明品种。

枝接所用接穗最好在气温较低的晚秋或早春运输；高温天气易造成接穗霉烂或失水。严冬运输应注意防冻。接穗运输前，要用塑料薄膜包好密封。长途运输时，塑料包内要放些湿锯末。

接穗就地贮藏过冬时，可在阴暗处挖宽 1.2 米、深 80 厘米的沟，长度按接穗的多少而定，将标明品种的成捆接穗放入沟内（若放多层），每层中间应加 10 厘米厚的湿沙或湿土，接穗上盖 20 厘米左右的湿沙或湿土，土壤结冻后加沙（土）至 40 厘米厚。当土壤温度升高时，应将接穗移入冷库等温度较低的地方。

**2. 绿枝接穗**　芽接所用接穗，夏季可随用随采或短期贮藏，但贮藏时间越长成活率越低。一般贮藏不宜超过 5 天。芽接用接穗从树上剪下后要立即剪去复叶，留 2 厘米左右长的叶柄，每20～30 根打一捆，标明品种。

芽接所用接穗由于当时气温高，保鲜非常重要。采下接穗后，要用塑料薄膜包好，但不可密封，里面装些湿锯末，运到嫁接地时，要及时打开薄膜，将接穗置于潮湿阴凉处，并经常洒水保湿。

# 二、嫁接技术

## （一）嫁接时期

核桃的嫁接时期因地区、气候条件和嫁接方法不同而异。一般来说，室外枝接的适宜时期是从砧木发芽至展叶期。北方多在3 月下旬到 4 月下旬，南方则在 2～3 月份。芽接时间多在 5 月到 7 月中旬，其中北方地区 5 月下旬至 6 月中旬最好。

## （二）嫁接方法

### 1. 硬枝嫁接

（1）插皮舌接 在适当位置剪断砧木，削平锯口，然后选砧木光滑处由上至下削去老皮，长6～8厘米，接穗削成长5～7厘米的大削面，刀口一开始就向下切凹，并超过髓心，而后斜削，保证整个斜面较薄，用手指捏开削面背后的皮层，使之与木质部分离，然后将接穗的皮层盖在砧木皮层的削面上，最后用塑料绳绑紧接口。此法应在皮层容易剥离、伤流较少时进行。注意接前不要灌水，接前3～5天预先锯断砧木放水（图6-1）。

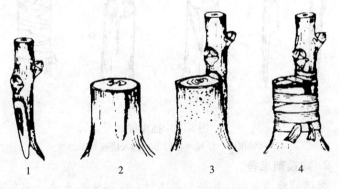

图6-1 插皮舌接
1. 接穗侧切面 2. 砧木削面 3. 插入接穗 4. 绑缚

（2）舌接 此法主要用于苗木嫁接。选根径1～2厘米的1～2年生实生苗，在根以上10厘米左右处剪断，然后选择与之粗细相当的接穗，剪成12～14厘米长的小段。将砧、穗各削成3～5厘米长的光滑斜面，在削面由上往下1/3处嫁接刀纵切，深达2～3厘米，然后将砧、穗立即插合，双方削面要紧密镶嵌，并用塑料绳绑紧。

（3）插皮接 先剪断砧木，削平锯口，在砧木光滑处由上向下垂直划一刀，深达木质部，长约1.5厘米，用刀尖顺刀口向左右挑开皮层。接穗的削法是，先将一侧削成一大削面（开始时下削，并超过中心髓部，然后斜削），长 6～8 厘米；然后将大削面背面 0.5～1 厘米处往下的皮层全部切除，稍露出木质部。插接穗时要在砧木上纵切，深达木质部，将接穗顺刀口插入，接穗内侧露白 0.7 厘米左右，使二者皮部相接，然后用塑料布包扎好（图 6 - 2）。

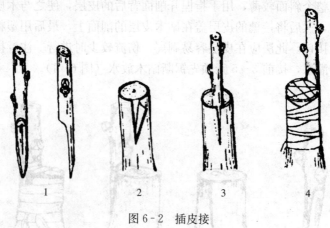

图 6 - 2　插皮接

1. 接穗削面　2. 砧木接口　3. 插入接穗　4. 绑缚

**2. 嫁接前准备**

嫁接前要控制苗砧伤流，其方法：①砧木放水法。即在嫁接前两周将砧木准备嫁接的部位以上 10 厘米处截去梢部放水，嫁接时再往下截 10 厘米削接口嫁接。②砧苗断根法。即用铁锹在主根 20 厘米处截断，降低根压，减少伤流。③刻伤法。即在砧木苗干基部用刀刻伤口深达木质部放水。

**3. 芽接方法**

（1）绿枝凹芽接　在砧木上选一周围较光滑且芽座较小的芽，在芽上下 0.5 处各横切一刀，两侧 0.5 厘米处各纵切一刀，长达 3～4 厘米，深达木质部，将砧木芽取下。

选接穗上饱满芽为接芽，在接芽两侧各纵切一刀，深达木质部，长 3～4 厘米，在接芽上、下方刮除青皮至韧皮部，长 0.5～1 厘米。然后在刮除青皮部位以外横切一刀，取下接芽，要带有维管束（俗称护芽肉）。将削好的接芽对准砧木芽插入砧木，使其维管束对齐，用砧木皮将接芽两端嫩皮部分压住，用塑料条由上而下绑牢接芽。注意使芽外露。接后 20 天左右接芽开始萌发，要及时抹去砧木上的芽子。在接芽以上 1 厘米处剪断砧木。

（2）方块形芽接　先在砧木上切一长 4 厘米左右、宽 2～3 厘米的方块，将树皮挑起，再按回原处，以防切口失水干燥，然后，在接穗上取下与砧木切口大小相同的方块形芽片（芽内维管束要保持完好），并迅速镶入砧木切口，使两切口密接，然后绑紧即可（图 6-3）。

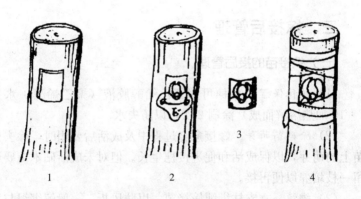

图 6-3　方块形芽接
1. 切砧木　2. 切接穗　3. 芽片　4. 嵌入芽片并绑缚

**4. 室内嫁接**　秋末将砧苗起出，在沟中或窖内假植，1～3 月份时用裸根砧苗（砧苗应先在温室 20℃左右催醒 10 天）嫁接，接后置于湿锯末温床保湿，放在温度 28℃下约 20 天，待伤口愈合后再移栽到田间。室内嫁接较易控制温度和湿度，有利于促进愈合成活，但直接移植于田间往往成活率较低，故多采用将已愈合成活的苗木移植于塑料棚中或者在室内嫁接后直接栽于塑料大棚，但需对棚内采取增温和保湿措施，愈合成活后，随气温升高，逐渐撤除大棚塑料膜，秋季出圃，可免去移植的损失。

**5. 子苗嫁接** 核桃幼苗出土 1 周后的嫩茎基部粗度在 5 毫米左右，此时种子内的胚乳营养丰富，可供给幼苗健壮生长，故用子苗做砧木进行枝接，既有利于愈合成活又可缩短育苗周期，省工、省时，降低成本，是大粒种子嫁接育苗的有效途径之一。子苗砧嫁接一般用休眠硬枝做接穗，也可用未生根的组培苗作接穗（微枝嫁接法）。子苗砧枝接法与一般枝接法相同，用刚出土、嫩茎高 10 厘米左右的子苗做砧木，以与子苗根颈粗度相近的枝条作接穗，用劈接法嫁接（接穗两面削呈楔形）。其优点为育苗周期短，当年可出圃，无须培育一年生的砧木，嫁接也较省力、省工。

# 三、嫁接后管理

## （一）枝接苗的接后管理

（1）接穗保湿 接穗可用聚乙烯醇胶液（聚乙烯醇：水＝1∶10 加热熔解而成）涂刷 2 次，以防失水。

（2）除砧苗萌芽 嫁接愈合过程中及成活后要用时，除去砧苗上的萌芽，以保成活和促进接穗生长。但对未成活砧木苗要选留一枝培养以便再接。

（3）绑缚 立支柱绑缚嫁接苗，以防风折。一般解绑绳与立支柱同时进行。

（4）松绑 接后 2～3 个月（6 月上旬到 7 月上旬），要将捆绑绳松绑一次，否则会形成缢环，影响接口加粗生长。8 月下旬可根据具体情况将绑缚物全部去掉。

## （二）芽接苗的接后管理

（1）检查成活及补接 芽接后第 2 周左右要检查成活，凡接芽新鲜、已萌动抽梢者表示成活，反之已死亡，对死亡的要及时补接。

（2）剪砧　对嫁接时期早的砧木，接芽萌发抽梢后，要及时从接芽以上 10 厘米处剪去砧木茎干，促进接芽萌发及新梢生长；对芽接时间较晚，当年不能萌芽的要保留部分接芽以上的枝叶，并保护接芽安全越冬，待第二年早春萌芽前再剪去接芽以上砧木的枝干。

# 四、苗木出圃

苗木出圃是育苗的最后一个环节。为使苗木栽植后生长很好，对苗木出圃工作必须予以高度重视。起苗前要对培育的苗木进行调查，核对苗木的品种和数量，根据购苗的情况作出圃计划，安排好苗木假植和贮藏的场地等。

## （一）起苗和假植

起苗应在苗木已停止生长、树叶已凋落时进行。土壤过干时，挖苗前需浇一次水，这样便于挖苗，少伤根。一年生苗的主根和侧根至少应保持在 20 厘米以上，根系必须完整。对苗木要及时整修，修剪劈裂的根系，剪掉蘖枝及接口上的残桩，剪短过长的副梢等。

苗木整修之后如果不能随即移植，可就地临时假植。假植沟应选择地势高、干燥、土质疏松、排水良好的背风处。东西向挖沟，宽、深各 1 米，长度依据苗木数量而定。分品种把苗木一排排稍倾斜地放入沟内，用湿沙土把根埋严。苗木梢尖与地面平或稍高于地面。如果苗木数量大、品种多，同埋在一条沟中，各品种一定要挂牌标明并用秸秆隔开，建立苗木假植记录，以免混乱。每隔 2 米远埋一秸秆把，使之通气。埋完后浇小水一次，使根系与土壤结合，并增加土壤湿度，防止根部受干冻。天气较暖时可分次向沟内填土，以免一次埋土过深根部受热。

## （二）苗木分级

苗木分级是保证出圃苗的质量和规格、提高建园栽植成果率和整齐度的工作之一。核桃苗木的分级要根据苗木类型而定。对于核桃嫁接苗，要求品种纯正，砧木正确；地上部枝条健壮、充实，具有一定高度和粗度，芽体饱满；根系发达，须根多，断根少；无检疫对象、无严重病虫害和机械损伤；嫁接苗结合部愈合良好。在此基础上，依据嫁接口以上的高度和接口以上 5 厘米处的直径两个指标将核桃苗木分为六级：

特级苗，苗高>1.20 米，直径≥1.2 厘米；

一级苗，苗高 0.81～1.20 米，直径≥1.0 厘米；

二级苗，苗高 0.61～0.80 米，直径≥1.0 厘米；

三级苗，苗高 0.41～0.60 米，直径≥0.8 厘米；

四级苗，苗高 0.21～0.40 米，直径≥0.8 厘米；

五级苗，苗高<0.21 米，直径≥0.7 厘米；

等外苗，其他为等外苗。

要根据国家及地方统一的分级标准，将出圃苗木进行分级。不合格的苗木应列为等外苗，不应出圃，留在圃内继续培养。

## （三）苗木的检疫

苗木检疫是防治病虫传播的有效措施。凡列入检疫对象的病虫，应严格控制不使蔓延，即使是非检疫对象的病虫亦应防止传播。因此，出圃时苗木需要消毒。其方法如下：

（1）石硫合剂消毒　用 4～5 波美度的溶液浸苗木 10～20 分钟，再用清水冲洗根部一次。

（2）波尔多液消毒　用等量式波尔多液（硫酸铜 1 份，生石灰 1 份，水 100 份）浸苗木 10～20 分钟，再用清水冲洗根部一次。

（3）升汞水消毒　用 60% 浓度的药液浸苗木 20 分钟，再用清水冲洗 1～2 次。

### (四) 苗木的包装和运输

苗木如调运外地时，必须包扎，以防止根系失水和遭受机械损伤。每 50～100 株打成一捆，根部填充保湿材料，如湿锯末、水草等，外用湿草袋或蒲包把苗木的根部及部分茎部包好。途中应加水保湿。为防止品种混杂，内外都要有标签。气温低于 −5℃时，要注意防冻。

# 第七章

# 合理规划建园

建立核桃园是核桃生产的基本建设。建园质量的好坏是核桃能否早结果、早丰产和优质生产的基础，关系到整个果园的效益。因此，建园时，必须长远打算，全面规划，标准化操作。要周密考虑当地农业结构、经济社会条件和适应栽培核桃的土地面积数量，认真选择园址和园地，应用优良品种，实行合理密植，科学栽培，为核桃安全生产和果品优质高产创造良好的生态环境条件。

## 第一节　园地选择的标准

核桃生命周期长，盛果期可达 30～50 年，核桃园一旦建立，便不能轻易更换改变。故建园前应对自然、社会和经济条件进行综合分析、论证。对园地的土质、地势、气候条件进行调查，确定建园的规模和目标，做出核桃园的规划设计，以避免不必要的损失。建立核桃园应慎重选择园地，在选择和评价建园地点时，一般以气候条件、土壤厚度和地下水位等为重点，首先应该考虑的是气候。在不适应核桃栽培的地方建园，往往造成不应有的损失。建园前应对当地气候、雨量、土壤、自然灾害和附近核桃树生长发育情况及以往出现的问题等进行全面的调查研究，为确定建园地点提供依据。

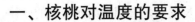

## 一、核桃对温度的要求

核桃是较喜温树种，通常认为核桃苗木或大树适宜生长的年均温为 8～15℃，极端最低温度不低于－30℃，极端最高温度 38℃，无霜期 150 天以上。幼龄树在－20℃条件下出现"抽条"或冻死；成年树虽能耐－30℃低温，但在低于－28～－26℃的地区，枝条、雄花芽及叶芽受冻。

核桃展叶后，如遇－2～－4℃低温，新稍会受到冻害；花期和幼果期气温降到－1～－2℃时则受冻减产。生长温度超过38～40℃时，果实易被灼伤，以至核仁不能发育。

铁核桃适合亚热带气候，要求年均温 16℃左右，最冷月平均气温 4～10℃，如气温过低，则难以越冬。

## 二、核桃对光照的要求

核桃是喜光树种，进入结果期后更需要充足的光照，全年日照量不应少于 2 000 小时，如少于 1 000 小时，则结果不良，影响核壳、核仁发育，降低坚果品质。生长期日照时间长短对核桃的发育至关重要。日照时数多，核桃产量高，品质好；郁闭状态下的核桃园一般结实差、产量低，只有边缘树结实好。

## 三、核桃适宜的水分条件

核桃不同种对水分的要求有较大差异。铁核桃喜欢较湿润的条件，其栽培主产区年降水量为 800～1 200 毫米；核桃在降水量 500～700 毫米的地区，只要搞好水土保持工程，不灌溉也可基本上满足要求。原产新疆地区降水量低于 100 毫米的核桃，引种到湿润地区和半湿润地区，则易感病害。

核桃能耐较干燥的空气，而对土壤水分状况却较敏感，土壤过干或过湿都不利于核桃生长发育。长期晴朗而干燥的气候、充足的日照和较大的昼夜温差，有利于促进开花结果。土壤干旱有碍根系吸收和地上部枝叶的水分蒸腾作用，影响生理代谢过程，甚至提早落叶；幼壮树遇前期干旱和后期多雨的气候时易引起后期徒长，导致越冬后抽条干梢。土壤水分过多，通气不良，会使根系生理机能减弱而生长不良，核桃园的地下水位应在地表2米以下。在坡地上栽植核桃必须修筑梯田撩壕等，搞好水土保持工程，在易积水的地方需解决排水问题。

建园地点要有灌溉水源，排灌系统畅通，排灌方便，特别是早实矮化品种的密植丰产园应达到旱能灌、涝能排的要求。

## 四、核桃对地形及土壤的要求

地形和海拔不同，小气候各异。核桃适宜于坡度平缓、土层深厚而湿润、背风向阳的环境条件栽培。种植在阴坡尤其坡度过大和迎风坡上，往往生长不良，产量很低，甚至成为"小老树"，坡位以中下部为宜。同一地区，海拔高度对核桃的生长和产量有一定影响。

核桃根系发达，入土深，属于深根树种，土层厚度在1米以上时生长良好，土层过薄影响树体发育，容易"焦梢"和形成"小老树"，且不能正常结果。核桃喜土质疏松、排水良好的园地。在地下水位过高和质地黏重的土壤上生长不良。

核桃在含钙的微碱性土壤上生长良好，土壤酸碱度适应范围为pH6.3~8.2，最适为pH6.4~7.2。土壤含盐量宜0.25%以下，稍有超过即影响生长和产量，含盐量过高会导致植株死亡，氯酸盐比硫酸盐危害更大。

核桃喜肥，适当增加土壤有机质有利于提高产量。

# 五、风力对核桃生长结果的影响

风也是影响核桃生长发育的因素之一，但常容易被忽视。适宜的风量、风速有利于授粉，增加产量，但核桃树的抗风力较弱。由于其一年生枝髓心较大，在冬、春季多风地区，生长在迎风坡面的树易抽条、干梢，影响树体发育和开花结实，栽培中应加以注意，应建防风林。

# 六、核桃安全生产对环境质量的要求

无工业废气、污水及过多灰尘等环境污染的立地条件有利于核桃安全生产。

安全无公害果品产地应选择在生态环境良好或不受污染源影响、污染物限量控制在允许范围内、生态良好的农业生产区域。

## （一）灌水质量

灌水质量指标应符合表7-1的要求。

表7-1 农田灌溉水质量指标

| 项 目 | 指 标 |
|---|---|
| 氯化物，毫克/升 | ≤250 |
| 氰化物，毫克/升 | ≤0.5 |
| 氟化物，毫克/升 | ≤3.0 |
| 总汞，毫克/升 | ≤0.001 |
| 总砷，毫克/升 | ≤0.1 |
| 总铅，毫克/升 | ≤0.1 |
| 总镉，毫克/升 | ≤0.005 |
| 铬（六价），毫克/升 | ≤0.1 |
| 石油类，mg/升 | ≤1.0 |
| pH | ≤5.5~8.5 |

## （二）土壤质量

土壤质量指标应符合表 7 - 2 要求。

**表 7 - 2　土壤质量指标**

| 项　目 | 指　标 | | |
| --- | --- | --- | --- |
| | pH<6.5 | pH6.5~7.5 | pH>7.5 |
| 总汞，毫克/升 | ≤0.30 | ≤0.50 | ≤1.0 |
| 总砷，毫克/升 | ≤40 | ≤30 | ≤25 |
| 总铅，毫克/升 | ≤250 | ≤300 | ≤350 |
| 总镉，毫克/升 | ≤0.30 | ≤0.30 | ≤0.60 |
| 总铬（六价），毫克/升 | ≤150 | ≤200 | ≤250 |
| 六六六，毫克/升 | ≤0.50 | ≤0.50 | ≤0.50 |
| 滴滴涕，毫克/L | ≤0.50 | ≤0.50 | ≤0.50 |

## （三）空气质量

无公害果品生产要求果实不受有害空气、灰尘等的影响，以保持果面清洁。因此，要求果园周围没有排放有毒、有害气体的工业企业。果园的空气质量要符合国家规定的标准（表 7 - 3）。

**表 7 - 3　空气质量指标**

| 项　目 | 指　标 |
| --- | --- |
| 总悬浮颗粒物（TSP）（标准状态），毫克/米³ | 日平均≤0.30 |
| 二氧化硫（$SO_2$）（标准状态），毫克/米³ | 日平均≤0.15　1小时平均≤0.50 |
| 氮氧化物（$NO_x$）（标准状态），毫克/米³ | 日平均≤0.12　1小时平均≤0.24 |
| 氟化物（F），微克/分米²·天 | 月平均≤10 |
| 铅（标准状态），微克/米³ | 季平均≤1.5 |

注意园地的前茬树种，在柳树、杨树、槐树生长过的地方栽植核桃，易染根腐病。核桃连作时，根系能产生胡桃醌（Juglone)，对核桃有抑制生长的作用。

# 第二节　核桃园的配套规划

选定核桃园地之后，就要作出具体的规划设计。园地规划设计是一项综合性的工作，在规划时应按照核桃的生长发育特性，选择适当的栽培条件，以满足核桃正常生长发育的要求。对于那些条件较差的地区，要充分研究当地土壤、肥水、气候等方面的特点，采用相应措施，改善环境，在设计过程中逐步加以解决和完善。

## 一、规划设计的原则和步骤

### （一）规划设计的原则

**1. 核桃园的整体规划**　规划设计应根据建园方针、经营方向和要求，集合当地自然条件、物质条件、技术条件等综合考虑，进行整体规划。

**2. 要因地制宜选择良种**　依品种特性确定品种配置及栽植方式。优良品种应丰产，优质，抗性强。

**3. 有利于机械化管理和操作**　核桃园中有关交通运输、排灌、栽植、施肥等，必须有利于实行机械化管理。

**4. 设计好排灌系统**　达到旱能灌、涝能排。

**5. 注意栽植前核桃园土壤的改良**　为核桃的良好生长发育打下基础。

**6. 合理规划占地面积**　规划设计中应把小区、路、林、排、灌等协调起来，节约用地，使核桃树的占地面积不少于85%。

**7. 综合规划**　合理间作，以园养园，实现可持续发展。建园初期应充分利用果粮、果药、果果间作等的效能，以短养长，早得收益。

### （二）规划设计的步骤

**1. 园地调查**　为了掌握待建园地的概貌，规划前必须对建园地点的基本情况进行详细调查，为园地的规划设计提供依据，以防止因规划设计不合理给生产造成损失。参加调查的人员应有从事果树栽培、植物保护、气象、土壤、水利、测绘等方面的技术人员以及农业经济管理人员。调查内容包括以下几个方面。

（1）社会情况　包括建园地区的人口、土地资源、经济状况、劳力情况、技术力量、机械化程度、交通能源、管理体制、市场销售、干鲜果比价、农业区划情况以及有无污染源等。

（2）果树生产情况　当地果树及核桃的栽培历史，主要树种、品种，果园总面积、总产量。历史上果树的兴衰及原因。各种果树和核桃的单位面积产量。经营管理水平及存在的主要病虫害等。

（3）气候条件　包括年平均温度、极端最高和最低温度、生长期积温、无霜期、年降水量等。常年气候的变化情况，应特别注意对核桃危害较严重的灾害性天气，如冻害、晚霜、雹灾、涝害等。

（4）土壤调查　包括土层厚度，土壤质地，酸碱度，有机质含量，氮、磷、钾及微量元素的含量等，以及园地的前茬树种或作物。

（5）水利条件　包括水源情况、水利设施等。

**2. 测量和制图**　建园面积较大或山地园，需进行面积、地形、水土保持工程的测量工作。平地测量较简单，常用罗盘仪、小平板仪或经纬仪，以导线法或放射线法将平面图绘出，标明突出的地形变化和地物。山地建园要进行等高测量，以便修筑梯田、撩壕、鱼鳞坑等水土保持工程。

园地测绘完成以后，即可按核桃园规划的要求，根据园地的实际情况，对作业区、防护林、道路、排灌系统、建筑用地、品

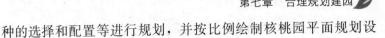

种的选择和配置等进行规划，并按比例绘制核桃园平面规划设计图。

## 二、不同栽培方式建园的设计

核桃的栽培方式主要有三种。一是集约化园片式栽培，无论幼树期是否间作，到成龄树时均成为纯核桃园。二是立体间作式栽培，即核桃与农作物或其他果树、药用植物等长期间作，此种栽培方式能充分利用空间和光能，且有利于提高核桃的生长和结果，经济效益快且高。三是利用沟边、路旁或庭院等闲散土地零星栽植，也是我国发展核桃生产不可忽视的重要方面。

在三种栽培方式中，零星栽培只要园地符合要求，并进行适当的品种配置即可。而其他两种栽培方式，在定植前，均要根据具体情况进行周密的调查和规划设计。主要内容包括：作业区划分及道路系统规划，核桃品种及品种的配置，防护林、水利设施及水土保持工程的规划设计等。

### （一）作业区的划分

作业区为核桃园的基本生产单位。形状、大小、方向都应与当地的地形、土壤条件及气候特点相适应，要与园内道路系统、排灌系统及水土保持工程的规划设计相互配合协调。为保证作业区内技术的一致性，作业区内的土壤及气候条件应基本一致，地形变化不大。耕作比较方便的地方，作业区面积可定为 50～100 亩。地形复杂的山地核桃园，为减少和防止水土流失，依自然流域划定作业区，不硬性规定面积大小。作业区的形状多设计为长方形。平地核桃园，作业区的长边应与当地风害的方向垂直，行向与作业区长边一致，以减少风害。山地建园，作业区可采用带状长方形，作业区的长边应与等高线的走向一致，以提高工作效率。同时，要保持作业区内土壤、光照、气候条件相对一致，更有利于水土保持工程的施工及排灌系统的规划。

## （二）防护林的设置

**1. 防护林的作用**　核桃园建立防护林，可以改善核桃的生态条件，提高核桃树的坐果率，增加果实产量，提高果实品质，实现良好经济效益。防护林能抵挡寒风的侵袭，降低核桃园的风害，并能控制土壤水分的蒸发量，调节核桃园的温度和湿度，减轻或防止霜、冻危害和土壤盐渍化。

**2. 适宜类型**　林带类型不同，防风效果不同。核桃园常选用林冠上下均匀透风的疏透林带或上部林冠不透风、下部透风的透风林带。若以减轻风速 25％ 为有效保护作用，防护林的防护范围，迎风面大约在林带高的 5～10 倍范围，背风面在林带高度的 25～60 倍。防护林的宽度、长度和高度，以及防护林带与主要有害风的偏角都影响防风效果和防风范围。

**3. 主林带与副林带的配置及适宜树种**　加强对主要有害风的防护，通常采用较宽的林带，称主林带（宽约 20 米）。主林带与主要有害风方向垂直。垂直于主林带设置较窄的林带（宽约 10 米），称为副林带，以防护其他方向的风害。在主、副林带之间，可加设 1～2 条林带，也称折风线，进一步减低风速，加强防护效果。这样形成纵横交错的网络，即称林网。林带网格内的核桃树可获得较好的防护。主林带之间可加大到 500～800 米。

林带常以高大乔木和亚乔木及灌木组成。行距 2～2.5 米，株距 1～1.5 米。北方乔木多用杨树、泡桐、水杉、臭椿、皂角、楸树、榆树、柳树、枫树、水曲柳、白蜡。灌木有紫穗槐、沙枣、杞柳、桑条。为防止林带遮阴和树根串入核桃园影响核桃树生长，一般要求林带南面距核桃树 10～15 米，林带北面距核桃树 20～30 米。为了经济用地，通常将核桃园的路、渠、林带相结合配置。

### （三）道路系统的规划

为使核桃园生产管理高效方便，应根据需要设置宽度不同的道路。各级道路应与作业区、防护林、排灌系统、输电线路、机械管理等互相结合。一般中大型核桃园有主路（或干路）、支路和作业道三级道路组成。主路贯穿全园，宽度要求4~5米。支路是连接干路通向作业区的道路，宽度要求达到3~4米。小路是作业区内从事生产活动的要道，宽度要求达到2~3米。小型核桃园可不设主路和小路，只设支路。山地核桃园的道路应根据地形修建。坡道路应选坡度较缓处，路面要内斜，路面内侧修筑排水沟。

### （四）排灌系统的设置

排灌系统是核桃园科学、高效、安全生产的重要组成部分。山地干旱地区核桃园可结合水土保持、修水库、开塘堰、挖涝池，尽量保蓄雨水，以满足核桃树生长发育的需求。平地核桃园除了打井修渠满足灌溉以外，对于易沥涝的低洼地带，要设置排水系统。

输水和配水系统包括干渠、支渠和园内灌水沟。干渠将水引至园中，纵贯全园。支渠将水从干渠引至作业区。灌水沟将支渠的水引至行间，直接灌溉树盘。干渠位置要高些，以利扩大灌溉面积，山地核桃园应设在分水岭上或坡面上方，平地核桃园可设在主路一侧。干渠和支渠可采用地下管网。山地核桃园的灌水渠道应与等高线走向一致，配合水土保持工程，按一定的比降修成，可以排灌兼用。

核桃属深根树种，忌水位过高，地下水位距地表小于2米，核桃的生长发育即受抑制。因此，排水问题不可忽视，特别是起伏较大的山地核桃园和地下水位较高的下湿地，都应重视排水系统的设计。山地核桃园主要排除地表径流，多采用明沟法排水，排水系统由梯田内的等高集水沟和总排水沟组成。集水沟可修在梯田内沿，而总排水沟应设在集水线上。平地核桃园的排水系统是由小区以内的集水沟和小区边沿的支沟与干沟三部分组成，干沟的末端为出水口。集水沟的间距要根据平时地面积水情况而定，一般间隔 2～4 行挖一条。支沟和干沟通常都是按排灌兼用的要求设计，如果地下水位过高，需要结合降低水位的要求加大深度。

### （五）品种配置

选择栽植的品种，应具有良好的商品性状和较强的适应能力。核桃具有雌雄异熟、风媒传粉、传粉距离短及坐果率差异较大等特性，为了提供良好的授粉条件，最好选用 2～3 个主栽品种，而且能互相授粉。专门配置授粉树时，可按每 4～5 行主栽品种树配置 1 行授粉品种树。山地梯田栽植时，可根据梯田面的宽度配置一定比例的授粉树，原则上主栽品种与授粉品种比例不低于 8：1 为宜。授粉品种也应具有较高的商品价值。

### （六）栽植密度

核桃栽植密度应根据立地条件、栽培品种和管理水平不同而异，以单位面积能够获得高产、稳产、便于管理为原则。栽培在土层深厚、肥力较高的条件下，树冠较大，株行距也应大些，晚实核桃可采用 6 米×8 米或 8 米×9 米，早实核桃可采用 4 米×5 米或 4 米×6 米，也可采用 3 米×3 米或 4 米×4 米的计划密植形式，当树冠郁闭光照不良时，可有计划地间伐成 6 米×6 米和 8 米×8 米。

对于栽植在耕地田埂、坝堰，以种植作物为主，实行果粮间作的核桃园，间作密度不宜硬性规定，一般株行距为 6 米×12 米或 8 米×9 米。山地栽植以梯田宽度为准，一般一个台面 1 行，台面宽为 20 米的可栽植 2 行，台面宽度小于 8 米时，隔台

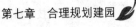

1行，株距一般为晚实核桃5~8米，早实核桃4~6米。

# 第三节　栽植技术

## 一、整地挖穴

核桃树具有庞大的主根和分布较广的水平根，要求土层深厚，较肥沃，含水量较高的土壤。不论山地或平地栽植，均应提前进行土壤熟化和增加肥力的准备工作。土壤准备主要包括平整土地、修筑梯田以及水土保持工程的建设等。在此基础上还要进行定点挖坑、深翻熟化改良土壤、增加有机质等各项工作。

在平整土地、修筑梯田、建好水土保持工程的基础上，按预定的栽植设计，测量出核桃的栽植点，并按点挖栽植穴。栽植穴或栽植沟应于栽植前一年的秋季挖好，使心土有一定熟化的时间。栽植穴的深度和直径为1米以上。密植园可挖栽植沟，沟深与沟宽均为1米。无论穴植或沟植，都应将表土与心土分开堆放。沙地栽植，应混合适量黏土或腐熟秸秆以改良土壤结构；在黏重土壤或下层为砾石的土壤上栽植，应扩大定植穴，并采用客土、掺沙、增施有机肥、填充草皮土或表面土的方法来改良土壤；丘陵地、土层浅薄的果园，可定点或定线放"闷炮"的形式爆破，以增厚土层。定植穴挖好后，将表土、有机肥和化肥混合后进行回填，每定植穴施优质农家肥30~50千克、磷肥3~5千克，然后浇水压实。地下水位高或低湿地果园，应先降低水位，改善全园排水状况，再挖定植沟或定植穴。

## 二、苗木定植

### （一）苗木准备

苗木质量直接关系到建园的成败。苗木要求品种准确，主根及侧根完整，无病虫害。苗木长途运输时应注意保湿、避免风吹、日晒、冻害及霉烂。国家 1988 年发布实施的苗木规格见表 7-4。

表 7-4　嫁接苗的质量等级

| 项　目 | 一　级 | 二　级 |
|---|---|---|
| 苗高 | 大于 60 厘米 | 30~60 厘米 |
| 基径 | 大于 1.2 厘米 | 1.0~1.2 厘米 |
| 主根长度 | 大于 20 厘米 | 15~20 厘米 |
| 侧根数 | 多于 15 条 | 多于 15 条 |

## （二）栽植时间

核桃的栽植时间分为春栽和秋栽两种。北方冬季气温较低，冻土层较深，早春多风，为防止"抽条"和冻害，以春栽为宜。春栽宜早不宜迟，否则墒情不好对缓苗不利。秋栽时，应注意幼树防寒。

## （三）栽植

栽植前，将苗木的伤根、烂根剪除，用泥浆蘸根，使根系吸足水分或将根系放在 500~1 000 毫克/升的 ABT 生根粉 3 号溶液中浸泡 1 小时，以利成活。定植穴挖好以后，将表土和土粪混合填入坑底，然后将苗木放入，舒展根系，分层填土踏实，培土至与地面相平，全面踏实后，打出树盘，充分灌水，待水渗下后，用土封好。苗木栽植深度可略超过原苗木根径 5 厘米，栽后 7 天再灌水一次。

## （四）提高核桃栽植成活率的措施

**1. 严把苗木质量关**　选择主根及侧根完整，芽饱满粗壮，无病虫害的苗木。

**2. 修剪根系**　将苗木过长的根、伤根、烂根剪除，露出新茬。

**3. 栽前浸水**　清水浸泡根系 4 小时以上，使苗木充分吸水，以利苗木的萌发和生根。

**4. ABT 生根粉处理**　苗木浸足水后，用 500～1 000 毫克/升的 ABT 生根粉 3 号溶液浸泡根系 1 小时，促进愈合生根。

**5. 挖大穴**　保证苗木根系舒展，在灌溉困难的园地，树盘用地膜覆盖不仅可防旱保墒，而且可增加地温，促进根系再生恢复。

**6. 防治病虫害**　早春金龟子吃嫩叶、芽，应特别注意。

# 第四节　核桃苗定植当年的管理

为了保证苗木栽植成活，促进幼树生长，应加强栽后管理。管理内容主要包括施肥灌水、幼树防寒抽条、检查成活情况及苗木补植和幼树定干等。

## 一、施肥灌水

栽植 2 周后，应再灌一次透水，可提高栽植成活率。此后，如遇高温或干旱还应及时灌溉。栽植灌水后，也可地膜覆盖树盘，以减少土壤蒸发。在生长季，结合灌水，可追施适量化肥，前期以追施氮肥为主，后期以磷、钾肥为主。也可进行叶面喷肥。

## 二、检查成活情况及苗木补栽

春季萌发展叶后，应及时检查苗木的成活情况，对未成活的植株应及时补植同一品种的苗木。

## 三、定干

栽植已成活的幼树，如果够定干高度，要及时定干。定干高度要依据品种特性、栽培方式及土壤和环境等条件确定，早实核桃的树冠较小，定干高度一般为 1.0～1.2 米；晚实核桃的树冠较大，定干高度一般为 1.2～1.5 米；有间作物时，定干高度为 1.5～2.0 米。栽植于山地或坡地的晚实核桃，由于土层较薄，肥力较差，定干高度可在 1.0～1.2 米。

为了促进幼树的生长发育，应及时进行人工除草，加强病虫防治及土壤管理等。

## 四、冬季防寒

我国华北和西北地区冬季干旱气温较低，栽后 2～3 年的核桃幼树经常发生"抽条"现象，纬度越高，"抽条"越严重。

防止核桃幼树"抽条"的根本措施是提高树体自身的抗冻性和抗"抽条"能力。加强水肥管理，按照前促后控的原则，7 月份以前以施氮肥为主，7 月份以后以磷肥为主，并适当控制灌水。在 8 月中旬以后，对正在生长的新梢进行多次摘心，并开张角度或喷布 1 000～1 500 毫克/千克的多效唑，可有效控制枝条旺长，增加树体的营养贮藏和抗性。入冬前灌一次冻水，提高土壤的含水量，减少"抽条"的发生。及时防止大青叶蝉在枝干上产卵危害。

1～2 年生幼树防抽条最安全的方法，是在土壤结冻前将苗木弯倒全部埋入土中，覆土 30～40 厘米，第二年萌芽前再把幼树扶出扶直。不易弯倒的幼树，涂刷 10 倍聚乙烯醇胶液，也可树干绑秸秆、涂白，减少核桃枝条水分的损失，避免"抽条"发生。

# 第八章

# 核桃园地下管理

## 第一节　土壤管理

### 一、深翻改土

核桃树根系深入土层的深浅与其生长结果有密切关系，决定根系分布深度的主要条件是土层厚度和理化性状等。深翻结合施肥，可改善土壤结构和理化性状，促使土壤团粒结构形成。深翻可加深土壤耕作层，给根系生长创造了良好条件，促使根系向纵深伸展，根类、根量均显著增加。深翻促进根系生长，是因深翻后土壤中水、肥、气、热得以改善所致。使树体健壮、新梢长、叶色浓，可提高产量。

#### （一）深翻时期

核桃园四季均可深翻，但应根据具体情况与要求因地制宜适时进行，并采用相应的措施，才能收到良好效果。

**1. 秋季深翻**　一般在果实采收后结合秋施基肥进行。此时地上部生长较慢，养分开始积累；深翻后正值根系秋季生长高峰，伤口容易愈合，并可长出新根。如结合灌水，可使土粒与根系迅速密接，有利于根系生长。因此秋季是核桃园深翻较好的时间。

**2. 春季深翻**　应在解冻后及早进行。此时地上部尚处于休眠期，根系刚开始活动，生长较缓慢，但伤根容易愈合和再生。从土壤水分季节变化规律看，春季土壤化冻后，土壤水分向上移动，土质疏松，操作省工。北方多春旱，翻后需及时灌水。早春多风地区，蒸发量大，深翻过程中应及时覆盖根系，免受旱害。风大干旱缺水和寒冷地区，不宜春翻。

**3. 夏季深翻**　最好在根系前期生长高峰过后，北方雨季来临前后进行。深翻后，降雨可使土粒与根系密接，以免发生吊根或失水现象。夏季深翻伤根容易愈合。雨后深翻，可减少灌水，土壤松软，操作省工。但夏季深翻如果伤根过多，易引起落果，故一般结果多的大树不宜在夏季深翻。

**4. 冬季深翻**　入冬后至土壤上冻前进行，操作时间较长。但要及时盖土以免冻根。如墒情不好，应及时灌水，使土壤下沉，防止冷风冻根。北方寒冷地区一般不进行冬翻。

## （二）深翻深度

深翻深度以核桃树主要根系分布层稍深为度，并考虑土壤结构和土质。如山地土层薄，下部为半风化的岩石，或滩地在浅层有砾石层或黏土夹层、土质较黏重等，深翻的深度一般要求达到80～100厘米左右。

## （三）深翻方式

**1. 深翻扩穴**　又叫放树窝子。幼树定植数年后，再逐年向外深翻扩大栽植穴，直至株行间全部翻遍为止。适合劳力较少的果园。但每次深翻范围小，需3～4次才能完成全园深翻。每次深翻可结合施有机肥料于沟底。

**2. 隔行深翻**　即隔一行翻一行。山地和平地果园因栽植方式不同，深翻方式也有差别。等高撩壕的坡地果园和里高外低的梯田果园，第一次先在下半行给以较浅的深翻施肥，下一次在上半行深翻，把土压在下半行上，同时施入有机肥料。这种深翻应与修整梯田等相结合。平地果园可随机隔行深翻，分两次完成。每次只伤一侧根系，对核桃生育的影响较小。行间深翻便于机械化操作。

**3. 全园深翻**　将栽植穴以外的土壤一次深翻完毕。这种方法一次需劳力较多，但翻后便于平整土地，有利果园耕作。

上述几种深翻方式，应根据果园的具体情况灵活运用。一般小树根量较少，一次深翻伤根不多，对树体影响不大。成年树根系已布满全园，以采用隔行深翻为宜。深翻要结合灌水，也要注意排水。山地果园应根据坡度及面积大小等决定，以便于操作，有利于核桃生长为原则。

# 二、培土（压土）与掺沙

这种改良土壤的方法，在我国南北普遍采用。具有增厚土层、保护根系、增加营养、改良土壤结构等作用。

## （一）培土的方法

把土块均匀分布全园，经晾晒后打碎，通过耕作把所培的土与原来的土壤逐步混合起来。培土量视植株大小、土源、劳力等条件而定。但一次培土不宜太厚，以免影响根系生长。

## （二）压土掺沙的时期

北方寒冷地区一般在晚秋初冬进行，可起保温防冻、积雪保墒的作用。压土掺沙后，土壤熟化、沉实，有利于核桃生长发育。

## （三）压土厚度

压土厚度要适宜，过薄起不到压土作用，过厚对核桃生育不利，"沙压黏"或"黏压沙"时一定要薄一些，一般厚度为5～

10 厘米；压半风化石块可厚些，但不要超过 15 厘米。连续多年压土，土层过厚会抑制核桃根系呼吸，从而影响核桃生长和发育，造成根颈腐烂，树势衰弱。所以，一般在果园压土或放淤时，为了防止对根系的不良影响应露出根颈。

## 三、中耕除草

中耕的主要目的在于清除杂草，减少水分、养分的消耗。中耕次数应根据当地气候特点、杂草多少而定，在杂草出苗期和结籽前进行除草效果较好，能消灭大量杂草，减少除草次数。中耕的深度，一般 6～10 厘米，过深伤根，对核桃树生长不利，过浅起不到中耕应有的作用。

## 四、生草栽培

除树盘外，在核桃树行间播种禾本科、豆科等草种的土壤管理方法叫做生草法。生草法在土壤水分条件较好的果园采用。选择优良草种，关键时期补充肥水，刈割覆于地面。在缺乏有机质、土层较深厚、水土易流失的果园，生草法是较好的土壤管理方法。

生草后土壤不进行耕锄，土壤管理较省工。生草可以减少土壤冲刷，遗留在土壤中的草根，增加了土壤有机质，改善土壤理化性状，使土壤能保持良好的团粒结构。在雨季草类用掉土壤中过多水、养分，可促进果实成熟和枝条充实，提高果实品质。生草可提高核桃树对钾和磷的吸收，减少核桃缺钾、缺铁症的发生。

### （一）选择草种的原则

（1）以低秆、生长迅速、有较高产草量、在短时间内地面覆盖率高的牧草为主。所采用的草种以不影响果树的光照为宜，一般高度在 50 厘米以下，以匍匐生长的草最好。以须根系草较好，尽量选用主根较浅的草种。这样不至于造成与果树争肥水的矛盾。一般禾本科植物的根系较浅，须根多，是较理想的草种。

（2）与果树没有相同的病虫害。所选种的草最好能成为害虫天敌的栖息地。生草的草种覆盖地面的时间长，旺盛生长的时间短，可以减少与果树争肥争水的时间。

（3）有较好的耐阴性和耐践踏性。

（4）繁殖简便，管理省工，适合于机械化作业。

（5）在生产上，选择草种时，不可能完全适合于上述条件，但最主要的是选择生长量大、产草量高、覆盖率大和覆盖速度快的草种，也可选用两种牧草同时种植，以起到互补的作用。

## （二）生草栽培应注意的问题

（1）果园生草与杂草控制的问题　果园生草虽然选择具有较强生长优势的草种，但在生草初期仍存在滋生杂草的问题，尤其是恶性草危害很大，应注意及时清除。只有生草充分覆盖地面后，才可控制杂草发生。

（2）果园生草与核桃树争夺肥水的问题　这是果园生草栽培存在的主要矛盾之一，可通过选择浅根性的豆科草和禾本科草，并在草旺盛生长时期进行适当补水、补肥，同时在旱季来临前及时割草覆盖，减少蒸腾。

（3）果园生草与果园病虫害的问题　一般而言，生草为病虫害提供食料和遮掩场所，加重病虫害发生，但同时也有利于滋生和保护病虫天敌，减轻病虫害。调查与试验证明，天敌对病虫害控制作用大于病虫害造成的危害。

（4）长期生草影响土壤通透性的问题　除采用经常刈割外，

一般通过每隔2年左右时间对草坪局部更新，5年左右全园更新深翻，可基本解决土壤通透性的问题。

（5）果园生草最好与滴灌相结合　行间生草后，如果采用普通灌溉方式，由于草的阻拦，难于进行，故果园生草最好与滴灌相结合。

### （三）果园生草的常用草种

**1. 白三叶草**　多年生牧草。豆科植物。耐践踏性强，再生性好，有主根，但较浅。侧根旺盛，主要分布在20～30厘米深的土层中。根上生有根瘤，固氮能力较强。喜温暖、湿润气候，耐寒性和耐热性强，在$-20～-15℃$能安全越冬。夏季可耐$40℃$高温。可在沙壤土、沙土和壤土上生长。喜酸性土壤，不耐盐碱。

**2. 扁茎黄芪**　多年生豆科植物。主根不深，侧根发达，主要分布在15～30厘米深的土层中。侧根上根瘤量较大，固氮能力强，是改良贫瘠土壤最好的生草种类。对土壤适应性强，耐旱、耐瘠薄、耐阴、耐践踏性强。植株生长量大，一年可刈割2～3次。

**3. 扁蓿豆**　又名野苜蓿、杂花苜蓿。为多年生豆科植物，主根不发达，多侧根，根上有根瘤。茎高一般为20～55厘米，多平卧，分枝多，耐干旱、耐寒、耐瘠薄，土壤适应性强，生长旺盛的一年可刈割2次以上。

**4. 多变小冠花**　年生豆科植物。主根发达，粗壮，侧根发达且密生根瘤，有较强的固氮能力。根上不定芽再生能力强，根蘖较多。茎多匍匐生长，节间短，多分枝，节上易生不定根。适应性强，耐旱、耐寒、耐瘠薄、耐阴、耐践踏，产草量大，生长旺盛。可用种子繁殖，也可用根蘖繁殖。

**5. 草地早熟禾**　多年生禾本科植物。具有须根，有匍匐根茎。茎直立，一般高25～50厘米，适应性强，喜温暖、较温暖

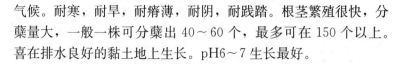

气候。耐寒，耐旱，耐瘠薄，耐阴，耐践踏。根茎繁殖很快，分蘖量大，一般一株可分蘖出 40～60 个，最多可在 150 个以上。喜在排水良好的黏土地上生长。pH6～7 生长最好。

# 五、浅耕覆盖作物

在核桃需肥水最多的生长前期保持浅耕，后期或雨季种植覆盖作物，待覆盖作物成长后，适时翻入土壤中作绿肥，这种方法称为浅耕覆盖法。它是一种比较好的土壤管理办法，兼有浅耕法与生草法的优点，同时减轻了两者的缺点。如前期浅耕可熟化土壤，保蓄水分、养分，供给核桃需要，具有浅耕法管理土壤的优点；后期播种间作物，可吸收利用土壤中过多的水肥，有利于果实成熟，提高品质，并可以防止水土流失，增加有机质。此法具有生草法的某些优点。

# 六、核桃园覆盖

在树冠下或稍远处覆以杂草、秸秆等。平地或山地果园均可采用。覆盖时期与覆盖目的有关，为了防旱则在旱季来临前覆盖，也可覆盖地膜。核桃园覆盖是土壤管理的一项技术，经济效益也较明显。

## （一）覆草

可改良土壤，提高土壤的有机质含量，减少土壤水分蒸发，调节地温，抑制杂草等。覆草以麦草、稻草、野草、豆叶、树叶、糠壳为好。也可用锯末、玉米秸、高粱秸、谷草等。覆草一年四季均可进行，但以夏末、秋初为好，覆盖前应适量追施氮素化肥，随后及时浇水或趁降雨追肥后覆盖。覆草厚度以 15～20厘米为宜，为了防止大风吹散或引起火灾，覆草后要散点状压土，切勿全面压土，以免造成通气不畅。覆草应每年添加，保持一定的厚度，几年后搞一次耕翻，然后再覆草。

### （二）覆盖地膜

覆盖地膜具有增温保温、保墒提墒、抑制杂草等功效，有利于核桃树的生长发育。尤其是新栽幼树，腹膜后成活率提高，缓苗期缩短，越冬抗寒能力增强。覆膜时期一般选择在早春进行，最好是春季追肥、整地、浇水或降雨后趁墒覆膜。覆膜时，膜四周用土压实，膜上斑斑点点压一些土，以防风吹和水分蒸发。

### （三）覆草应注意的问题

（1）覆草前宜深翻土壤，覆草时间宜在干旱季节之前进行，以提高土壤的蓄水保水能力。

（2）在未经深翻熟化的果园里，覆草的同时逐年扩穴改良土壤，随扩随盖，促使根系集中分布层向下同时扩展。

（3）对于较长的秸秆如玉米秸秆，要压碎后再使用。

（4）为保护浅层根，切忌"春季覆草，秋冬除掉"，冬季也不要刨树盘。

（5）覆草后不少害虫栖息草中，应注意向草上喷药，起到集中诱杀的效果。

（6）黏重土和低洼地的果园覆草易引发烂根病，故不宜覆草。

## 七、核桃园间作

间作可形成生物群体，群体间可互相依存，还可改善微区气候，有利幼树生长，并可增加收入，提高土地利用率。合理间作既充分利用光能，又可增加土壤有机质，改良土壤理化性状。如间作大豆，除收获豆实外，遗留在土壤中的根、叶，每亩地可增加有机质约 17.5 千克。利用间作物覆盖地面，可抑制杂草生长，减少蒸发和水土流失，还有防风固沙、缩小地面温变幅度、改善生态条件的作用。

## （一）间作的原则

（1）间作种类和形式以有利于核桃的生长发育为原则，应留出足够的树盘，以免影响核桃树的正常生长和发育。

（2）幼龄核桃园可间作小麦、豆类、薯类、花生、绿肥、草莓等矮秆作物。

（3）立地条件好、株行距较大、长期进行间作的核桃园，其间作物种类较多，既有高秆的玉米、高粱，也有矮秆的小麦、豆类、花生、棉花、薯类、瓜菜等，但要有一套严格的轮作制度。

（4）在荒山、滩地建造的核桃园，立地条件较差，肥力低，间作应以养地为主，可间作绿肥和豆科作物等。

（5）立地条件虽好，但已基本郁闭的核桃园，一般不宜间种作物，有条件的可在树下培养食用菌，如平菇等。

## （二）间作注意的问题

（1）种植间作物应加强树盘肥水管理，尤其是在作物与树竞争养分剧烈的时期，要及时施肥、灌水。

（2）间作物要与树保持一定距离，尤其是播种多年生牧草，更应注意。因多年生牧草根系强大，应避免其根系与树根系交叉，加剧争肥、争水的矛盾。

（3）间作物植株矮小，生育期较短，适应性强，与树需水临界期最好能错开。在北方没有灌溉条件的果园，耗水量多的宽叶作物（如大豆）可适当推迟播种期。

（4）间作物应与核桃树没有共同病虫害，比较耐阴，收获较早，并根据各地具体条件制定间作物的轮作制度，因地而异，以选中耕作物如玉米、高粱或棉花等轮作较好。

# 第二节　施肥技术

## 一、核桃园常用肥料的种类

施肥种类有基肥和追肥两种。基肥一般为经过腐熟的有机肥料，如厩肥、堆肥等。基肥能够在较长时间内持续供给树体生长发育所需要的养分，并能在一定程度上改良土壤性质。追肥以速效性无机肥料为主，根据树体需要，在生长期中施入，以补充基肥的不足。追肥的主要作用是满足某一生长阶段核桃对养分的大量需求。

### （一）有机肥料

有机肥料也称农家肥料，大都是完全肥料。有机肥料不但具有核桃生长发育所必需的各种元素，还含有丰富的有机物。有机肥料分解慢，肥效长，养分不易流失。有机肥料含有丰富的有机质，施入土壤后能改善核桃的二氧化碳营养情况，调节土壤微生物活动。

有机肥料种类繁多，来源广，数量大，如厩肥、粪肥、饼肥、堆肥、泥土肥、熏肥、绿肥，其中以猪圈肥、人粪尿、堆沤肥、绿肥为最多。

### （二）无机肥料

无机肥料又称矿质肥，是由矿藏的开采、加工或工厂直接合成生产的，也有一些属于工业副产物。无机肥料多具有以下特性：

（1）养分含量较高，便于运输、贮藏和施用，施用量少，肥效显著。

（2）营养成分比较单一，一般仅含 1 种或几种主要营养元素。施一种无机肥料会发生植物营养不平衡，产生"偏食"现象，应配合其他无机肥料或有机肥料施用。

（3）肥效迅速，一般 3～5 天即可见效，但后效短。无机肥料多为水溶性或弱酸溶性，施用后很快转入土壤溶液，可直接被植物吸收利用，但也易造成流失。

### （三）绿肥

将绿色植物的青嫩部分经过刈割或直接翻入土中作肥料，均称为绿肥。绿肥产量高，每亩可产鲜物质 1 000～2 000 千克；组织幼嫩，碳氮比较小，分解快，肥效显著；根系吸收能力强，可吸收利用难溶性矿物质。一些绿肥植物如沙打旺根系发达，穿透力强，在根系残体转化时能聚集多糖和腐殖质，可改善土壤结构。豆科绿肥植物具有根瘤，可以固定大气中的氮，每年每亩增加 2～7.5 千克氮素，有时高达 11.25 千克。绿肥植物可吸收保存苗木或幼树多余的速效营养，以避免淋失。绿肥植物还有遮阳、固沙、保土、防止杂草生长以及提供饲料等作用。

## 二、核桃园施肥时期

基肥的施入时期可在春、秋两季进行，最好在采收后到落叶前施入基肥，此时土温较高，不但有利于伤根愈合和新根形成与生长，而且有利于有机肥料的分解和吸收，对提高树体营养水平，促进翌年花芽分化和生长发育均有明显效果。

追肥一般每年进行 2～3 次，第一次在核桃开花前或展叶初期进行，以速效氮为主。主要作用是促进开花坐果和新梢生长。追肥量应占全年追肥量的 50%。第二次在幼果发育期（6 月份），仍以速效氮为主，盛果期树也可追施氮、磷、钾复合肥料。此期追肥主要作用是促进果实发育，减少落果，促进新梢的生长和木质化程度的提高，以及花芽分化，追肥量占全年追肥量的30%。第三次在坚果硬核期（7月份），以氮、磷、钾复合肥为主，主要作用是供给核桃仁发育所需的养分，保证坚果充实饱满。此期追肥量占全年追肥量的20%。

## 三、核桃不同时期的施肥标准

核桃喜肥。据有关资料，每收获453.6千克核桃，要从土壤中吸走氮12.25千克。丰产园每年每100平方米要从土壤中夺走氮90.7千克。适当多施氮肥，可以增加核桃出仁率。氮、钾肥可以改善核仁品质。核桃在不同个体发育时期需肥特性有很大差异。在生产上确定施肥标准时，一般将其分为幼龄树、结果初期、盛果期、衰老期四个时期。

### （一）幼龄期施肥标准

实生苗从长出幼苗开始到开花结果前，嫁接苗从嫁接开始到开花结果前，是核桃树的幼龄期。此期根据苗木情况不同，持续的时间也不同。早实核桃一般为2～3年，如岱香、香玲、鲁果2号、辽宁1号、中林1号等；晚实核桃品种一般为3～5年，如晋龙1号、礼品1号和西洛2号等；实生种植苗可在2～10年不等。此期，营养生长占据主导地位，树冠和根系快速加长、加粗生长，为迅速转入开花结果积蓄营养。栽培管理和施肥的主要任务是促进树体扩根和扩冠，加大枝叶量。此期应大量满足树体对氮肥的需求，同时注意磷、钾肥的施用。幼树的具体施肥量可参照以下标准：晚实核桃类，中等土壤肥力水平，按树冠垂直投影面积（或冠幅面积）每平方米计算，在结果前的1～5年间，年施肥量（有效成份）为氮肥50克，磷、钾肥各

10 克。

## （二）结果初期施肥标准

此期是指开始结果到大量结果且产量相对稳定的时期。营养生长相对于生殖生长逐渐缓慢，树体继续扩根、扩冠，主根上侧根、细根和毛根大量增生，分枝量、叶量增加，结果枝大量形成，角度逐渐开张，产量逐年增长。栽培管理和施肥的主要任务是保证植株良好生长，增大枝叶量，形成大量的结果枝组，使树体逐渐成形。此期对氮肥的需求量仍很大，但要适当增加磷、钾肥的施用量。晚实核桃进入结果期以后，第 6～10 年内，每平方米年施氮肥 50 克，磷、钾肥各 20 克，农家肥 5 千克。早实核桃一般从第二年开始结果，为确保营养生长与产量的同步增长，施肥量应高于晚实核桃。根据近年来早实核桃密植丰产园的施肥经验，初步提出 1～10 年生树每平方米冠幅面积年施肥量为氮肥 50 克，磷、钾肥各 20 克，有机肥 5 千克。成年树的施肥量可根据具体情况，并参照幼年树的施肥量决定，注意适当增加有机肥和磷、钾肥的用量。

## （三）盛果期施肥标准

此期核桃树处于大量结果时期，营养生长和生殖生长处于相对平衡的状态，树冠和根系已经扩大到最大限度，枝条、根系均开始更新，产量、效益均处于高峰阶段。此期，应加强施肥、灌水、植保和修剪等综合管理措施，调节树体营养平衡，防止出现大小年结果现象，并延长结果盛期的时间。因此，树体需要大量营养，除施用氮、磷、钾外，增施有机肥是保证高产稳产的措施之一。

## （四）衰老期施肥标准

此期产量开始下降，新梢生长量极小，骨干枝开始枯竭衰老，内部结果枝组大量衰弱直至死亡。此期的主要任务是通过修剪对树体进行更新复壮，同时加大氮肥供应量，促进营养生长，恢复树势。

实际操作时，核桃园的施肥标准需综合考虑具体的土壤状况、个体发育时期及品种的生物学特性来确定。由于各核桃产区土壤类型复杂，栽培品种不同，需肥特性也不尽相同，各地肥水管理水平差异较大，因此施肥时可根据具体条件灵活掌握（表8-1）。

**表 8-1　晚实核桃树施肥量标准**

| 时　期 | 树龄（年） | 每株树平均施肥量（有效成分，克） | | | 有机肥（千克） |
|---|---|---|---|---|---|
| | | 氮 | 磷 | 钾 | |
| 幼树期 | 1～3 | 50 | 20 | 20 | 5 |
| | 4～6 | 100 | 40 | 50 | 5 |
| 结果初期 | 7～10 | 200 | 100 | 100 | 10 |
| | 11～15 | 400 | 200 | 200 | 20 |
| 盛果期限 | 16～20 | 600 | 400 | 400 | 30 |
| | 21～30 | 800 | 600 | 600 | 40 |
| | ＞30 | 1 200 | 1 000 | 1 000 | ＞50 |

# 四、施肥方法

## （一）辐射状施肥

以树干为中心，距树干 1.0～1.5 米处沿水平根方向向外挖 4～6 条辐射状施肥沟，沟宽 40～50 厘米，深 30～40 厘米，由里到外逐渐加深，长度随树冠大小而定，一般为 1～2 米。肥料均匀施入沟内，埋好即可。基肥要深施，追肥可浅些。每次施肥，应错开开沟位置，扩大施肥面。此法对 5 年生以上幼树较常用（图 8 - 1）。

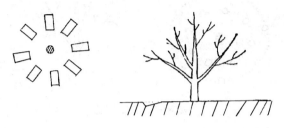

图 8 - 1 放射状施肥

## （二）环状施肥

沿树冠边缘挖环状沟，沟宽 40～50 厘米，深 30～40 厘米。此法易挖断水平根，且施肥范围小，适用于 4 年生以下的幼树（图 8 - 2）。

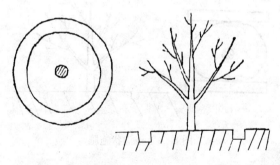

图 8 - 2 环状施肥

## （三）穴状施肥

多用于追肥。以树干为中心，从树冠半径 1/2 处开始，挖成若干个小穴，穴的分布要均匀，将肥料施入穴中埋好即可。亦可在树冠边缘至树冠半径 1/2 处的施肥圈内，在各个方位挖成若干不规则的施肥小穴，施入肥料后埋土（图 8 - 3）。

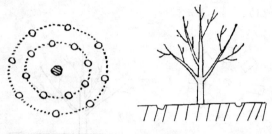

图 8-3　穴状施肥

### (四) 条状沟施

在树冠外沿行间或株间相对两侧开沟，沟宽 40～50 厘米，深 30～40 厘米，长随树冠大小而定，幼树一般 1～3 米，成年树根据树冠情况另定。第二年的挖沟位置可调换到另两侧。此法适用于幼树或成年树 (图 8-4)。

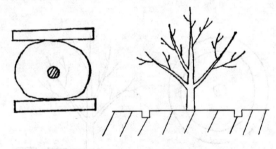

图 8-4　条沟状施肥

### (五) 全园撒施

将肥料均匀撒入核桃园内，然后浅翻浇水。

以上五种方法，施肥后均应立即灌水，以增加肥效。若无灌溉条件，应做好保水措施。

### (六) 根外追肥

在树体出现缺素症或为了补充某些容易被土壤固定的元素，

通过根外追肥可以收到良好的效果，对缺水少肥地区尤为实用。叶面追肥的种类和浓度，尿素 0.3%～0.5%，过磷酸钙 0.5%～1%，硫酸钾 0.2%～0.3%，硼酸 0.1%～0.2%，硫酸铜 0.3%～0.5%。总的原则是生长前期应施稀肥，后期可施浓肥。喷肥应在 10 时以前和 15 时以后进行，阴雨或大风天气不宜喷肥。注意叶面喷肥不能代替土壤施肥，二者结合才能取得良好效果。实际应用时，尤其在混用农药时，应先做小规模试验，以避免发生药害造成损失。

# 五、营养诊断与配方施肥

营养诊断，是根据树体和土壤的营养状况进行化学或形态分析，据此判断核桃营养盈亏状况，从而指导施肥。核桃的营养状况直接关系到核桃树体发育和生长结果，要使核桃健壮起来，适时结果，丰产优质，必须保证适当的营养状况。在实际生产中，常常见到核桃树体缺乏某种或数种营养元素，出现缺素症，如缺铁失绿症、缺锌小叶症等；相反，有时由于某些元素过多，导致树体发育不良，如锰元素过多会引起树皮疱疹、氯过多会引起盐害等。这说明核桃树体营养并不是越多越好，而是要求各营养元素在核桃树体中保持一定的生理平衡，因此要根据树体和土壤的营养实际情况，有目的地施肥。

## （一）形态诊断

通过树体外观表现，对核桃的营养状况进行客观判断，指导施肥。形态诊断是一种简便易行的方法。由于核桃缺乏某种元素，一般会在形态上表现出来，即所谓缺素症，由于这种症状与内在营养失调有密切联系，因而是形态诊断的依据。

**1. 核桃缺铜的症状**　铜是叶绿体中质体蓝素的组成部分，它对光合作用有重要影响。核桃缺铜，初期叶片呈暗绿色，后期发生斑点状失绿,叶边缘焦枯,好像被烧伤,有时出现与叶边平行的橙褐色条纹,严重缺铜时枝条出现弯曲。核桃缺铜常发生在碱性土、石灰性土和沙质土地区,大量施用氮肥和磷肥可能引起核桃缺铜。生产上采用施用铜肥或叶面喷波尔多液等方法都能防治或兼治缺铜症。花后 6 月底以前喷 0.05％硫酸铜溶液效果也佳。

**2. 核桃缺钼的症状**　核桃缺钼首先表现在老叶上,最初在叶脉间出现黄绿色或橙色斑点,而后分布在全部叶片上。与缺氮不同的是只在叶脉间失绿,而不是全叶变黄,以后叶片边缘卷曲、干萎,最后坏死。施用钼肥,如钼酸铵或钼酸钠,可防治核桃缺钼。花后喷 0.3％～0.6％钼酸铵溶液 1～3 次亦有效。

**3. 核桃缺氮或氮元素过量的症状**　核桃轻度缺氮时叶色呈黄绿色,严重缺氮时为黄色,叶片较早停止生长,叶片显著变小。树体内氮素同化物有高度的移动性,能从老叶转移到嫩叶,所以严重缺氮时,新梢基部老叶逐渐失绿变为黄色,并不断向新梢顶端发展,使新梢嫩叶也变为黄色。同时,新生的叶片叶形变小,叶柄与枝条成钝角,枝条细长而硬,皮色呈淡红褐色。核桃氮素过量时,新梢生长旺盛甚至徒长,叶片大而薄,不易脱落,新梢停止生长延迟,营养积累差,不能充分进行花芽分化,枝条组织成熟差,抗旱力减弱。

**4. 核桃缺磷或磷过量的症状**　核桃对磷的需要量比氮、钾少,虽然核桃缺磷不像缺氮在形态上表现那么明显,但树体内的各种代谢过程都会受到不同程度的抑制。核桃缺磷时,叶色呈暗绿色,如同氮肥施用过多,新梢生长很慢,新生叶片较小,枝条明显变细,而且分枝少。观察可以发现叶柄及叶背的叶脉呈紫红色,叶柄与枝条成钝角。根系发育不良,矮化。磷过量也会对核桃产生一些不良影响,虽然磷素过多不如氮素过多那样能够较快、较大程度地影响核桃生长,但会增强核桃的呼吸作用,消耗

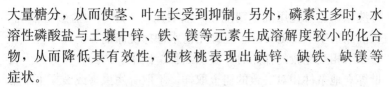

大量糖分，从而使茎、叶生长受到抑制。另外，磷素过多时，水溶性磷酸盐与土壤中锌、铁、镁等元素生成溶解度较小的化合物，从而降低其有效性，使核桃表现出缺锌、缺铁、缺镁等症状。

**5. 核桃缺钾的症状**　核桃体内钾的流动性很强，缺钾表现在生长中期以后。轻度缺钾与轻度缺氮的症状相似，叶片呈黄绿色，枝条细长，呈深黄色或红黄色。严重缺钾时，新梢中部或下部老龄叶片边缘附近出现暗紫色病变，夏季几小时即枯焦，使叶片出现焦边现象，而后病变为茶褐色，使叶片皱缩卷曲。

## （二）叶片分析诊断

叶片分析诊断通常是在形态诊断的基础上进行。特别是某种元素缺乏而未表现出典型症状时，需再用叶片分析方法进一步确诊。一般说，叶片分析的结果是核桃营养状况最直接的反应，因此诊断结果准确可靠。叶片分析方法是用植株叶片元素的含量与事先经过试验研究拟定的临界含量或指标（即核桃叶片各种元素含量标准植）相比较，用以确定某些元素的缺乏或失调。

**1. 样品的采集**　进行叶片分析需采集分析样品，核桃树取带叶柄的叶片。核桃树取新梢具有 5、9、13 或 17 个小叶的叶片中部的一对小叶。取样时要照顾到树冠四周方位。取样的时间在盛花后 6～8 周；取样的数量，混合叶样不少于 100 片。

**2. 样品的处理**　采集的样品装在塑料袋中，放在冰壶内迅速带回试验室。取回的样品用洗涤液立即洗涤。洗涤液是用洗涤剂或洗衣粉配成 0.1% 的水溶液。取一块脱脂棉用竹镊子夹住轻轻擦洗，动作要快，洗几片拿几片，不要全部倒在水中，叶柄顶端最好不要浸在水中，以免养分淋失。如果叶片上有农药或肥料，应在洗涤剂中加入盐酸，配成 0.1 摩尔的盐酸洗涤剂溶液进行洗涤；也可先用洗涤剂洗涤，然后用 0.1 摩尔的盐酸溶液洗。从洗涤剂中取出的叶片，立即用清水冲掉洗涤剂。

取相互比较的样品时，要从品种、砧木、树龄、树势、生长量等立地条件相对一致的树上取样，不取有病虫害或破损不正常的叶片；取到的样品要按田间编号、样品号、样品名称、取样地点、取样日期和取样部位等填写标签。

### （三）施肥诊断

在形态诊断和叶片分析诊断的基础上，最后确诊可用施肥诊断的方法，即设置施肥处理和不施肥处理。经过一段时间观察，如果缺素症状消失，表明诊断正确。核桃园施肥应根据核桃树体本身营养吸收和利用规律，有针对性地进行配方施肥、营养诊断施肥，合理施用化肥，加强对土杂肥、粪肥等有机肥的施用。核桃正常生长发育不仅需要维持树体从土壤中吸收肥料与施入肥料和土壤能够供应肥料之间的平衡，而且还要维持 N、P、K、Ca、Mn、Cu、Zn、B 等多种营养元素之间的平衡。维持或调节这些元素之间的比例，使之达到一个良好的动态平衡，减少盲目施肥造成的浪费和危害。

# 第三节  水分管理

核桃树枝、叶、根中的水占 50% 左右。叶片进行光合作用以及光合产物的运送和积累，维持细胞膨胀压，保证气孔开闭，蒸腾散失水分，调节树体温度，矿质元素进入树体等，一切生命活动都必须在有水的条件下进行。水分丰缺状况是影响树体生长发育进程、制约产量高低及质量优劣的重要因素。

核桃树年周期中，果实发育期和硬核期需要较多的水分，供水不足会引起大量落果，核仁不饱满，影响产量和品质。缺水，则萌芽晚或发芽不整齐，开花坐果率低，新梢生长受阻，叶片小，新梢短，树势弱。年降水量为 600 毫米以上，可基本满足普通核桃的需要。季节降水很不均匀，有春旱的地区，必须设法灌溉。新梢停止生长，进入花芽分化期，需水量相对减少，此时水多对花芽分化不利；果实发育期间要求供水均匀，临近成熟期水分忽多忽少，会导致品质下降、采前落果；生长后期枝条充实、果实体积增大，也需要适宜的水分，干旱影响营养物质的转化和积累，降低越冬能力。

核桃树所需的水来源于土壤，表示土壤水分丰缺常用的指标是田间持水量。当土壤含水量为田间最大持水量的 60% 左右时，对核桃树的生长最适宜。若水分含量达到了田间最大（饱和）持水量，说明土壤的有效水已经超过上限，常出现徒长等湿害现象，甚至死亡。当核桃树从土壤中吸收的水不足蒸腾消耗时，枝叶暂时萎蔫，此时的土壤水分含量降至凋萎点（萎蔫系数），为土壤有效水的下限，需给树体补水。一般核桃园在含水量降至田间持水量的 50% 左右时即行灌溉。如果长时间发生凋萎现象，树体已经受害，果实产量和质量降低，再供水也无济于事。

如果土壤中的水分过多，土壤孔隙全被水占满（这在降大雨、暴雨或大水漫灌后常出现），根系所需的氧气会被全部挤出，根停止活动，地上部所需的水分和矿质养分中断，核桃即出现涝害。积水时间越长，根系死亡越多。积水土壤中的氧化过程受阻，还原物质（如 $CH_4$、$H_2S$ 等）积累，使核桃中毒，这是涝害的又一原因。

# 一、灌水时期与灌水量的确定

## （一）灌水时期

确定果园的灌溉时期，一要根据土壤含水量，二要根据核桃物候期及需水特点。依物候期，灌溉时期主要是春季萌芽前后、坐果后及采收后 3 次。除物候指标外，还参考土壤实际含水量而确定灌溉期。一般生长期要求土壤含水量低于 60％时灌溉；当超过 80％时，则需及时中耕散湿或开沟排水。具体实施灌溉时，要分析当时、当地的降水状况、核桃的生育时期和生长发育状况。灌溉还应结合施肥进行。核桃应灌顶凌水和促萌水，并在硬核期、种仁充实期及封冻前灌水。

**1. 萌芽水**　3～4 月份，核桃开始萌动，发芽抽枝，此期物候变化快而短，几乎在 1 个月的时间里要完成萌芽、抽枝、展叶和开花等的生长发育过程，此时又正值北方地区春旱少雨时节，故应结合施肥灌水。

**2. 花后水**　5～6 月份，雌花受精后，果实迅速进入速长期，其生长量约占全年生长的 80％。到 6 月下旬，雌花也开始分化，这段时期需要大量的养分和水分供应。如干旱应及时灌水，以满足果实发育和花芽分化对水分的需求。特别在硬核期（花后 6 周）前，应灌一次透水，以确保核仁饱满。

**3. 采后水**　10 月末至 11 月初（落叶前），可结合秋施基肥灌一次水。此次灌水有利于土壤保墒，且能促进厩肥分解，增加冬前树体养分贮备，提高幼树越冬能力，也有利于翌春萌芽和开花。

## （二）灌水量的确定

确定合理的灌水量，一要根据树体本身的需要，二要看土壤湿度状况，同时要考虑土壤的保水能力及需要湿润的土层深度。王仲春等以苹果为试材，测定了不同土壤种类在水分当量（土壤中的水分含量下降到不能移动时的含水量）附近时的灌水量。生产中可根据对土壤含水量的测定结果或手测、目测的验墒经验判断是否需要灌水。其灌水量可参考表 8-2。

每次灌水以湿润主要根系分布层的土壤为宜，不宜过大或过小，既不造成渗漏浪费，又能使主要根系分布范围内有适宜的含

表 8 - 2　不同土壤种类在水分当量附近时的亩灌水量

| 土　类 | 最低含水量 | | 理想含水量 | |
|---|---|---|---|---|
| | （吨） | 相当于降水（毫米） | （吨） | 相当于降水（毫米） |
| 细沙土 | 18.8 | 29 | 81.6 | 126 |
| 沙壤土 | 24.8 | 39 | 81.6 | 125 |
| 壤　土 | 22.1 | 34 | 83.6 | 129 |
| 黏壤土 | 19.4 | 30 | 84.2 | 130 |
| 黏　土 | 18.1 | 28 | 88.8 | 137 |

水量和必要的空气。具体计算一次的灌水用量时，要根据气候、土壤类型、树种、树龄及灌溉方式确定。核桃树的根系较深，需湿润较深的土层，在同样立地条件下用水量要大。成龄结果树需水多，灌水量宜大；幼树和旺树可少灌或不灌。沙地漏水，灌溉宜少量多次；黏土保水力强，可一次适当多灌，加强保墒而减少灌溉次数。盐碱地灌水，注意不要接上地下水。

灌水量（吨）＝灌溉面积（米²）×土壤浸湿深度（米）×土壤容重×（田间持水量－灌溉前土壤湿度）。

例如：某果园为沙壤土，田间持水量为 36.7%，容重为1.62，灌溉前根系分布层的土壤湿度为 15%，欲浸湿 60 厘米土层，每亩果园灌水量应为 140.6 吨，即 666.6 米² × 0.6 米 × 1.62 × （0.367－0.15）＝140.6 吨。

# 二、核桃园常用的灌水方法

根据输水方式，果园灌溉可分为地面灌溉、地下灌溉、喷灌和滴灌，目前大部分果园仍采用地面灌溉，干旱山区多数为穴灌或沟灌，少数果园用喷灌、滴灌，个别用地下管道渗灌。

## （一）地面灌溉

**1. 漫灌法**　漫灌法是最常用的灌水方法，在水源充足，靠近河流、水库、塘坝、机井的果园，在园边或几行树间修筑较高的畦埂，通过明沟把水引入果园。地面灌溉灌水量大，湿润程度不匀。这种方法灌水过多，加剧了土壤中的水、气矛盾，对土壤结构也有破坏作用。在低洼及盐碱地，还有抬高地下水位，使土壤泛碱的弊端。

**2. 畦灌** 以单株或一行树为单位筑畦，通过多级水沟把水引入树盘进行灌溉。畦灌用水量较少，也比较好管理，有漫灌的缺点，只是程度较轻。在山区梯田、坡地则树盘灌溉普遍采用。

**3. 穴灌** 即根据树冠大小，在树冠投影范围内开 6～8 个直径 25～30 厘米、深 20～30 厘米的穴，将水注入穴中，待水渗后埋土保墒。在灌过水的穴上覆盖地膜或杂草，保墒效果更好。

**4. 沟灌** 是地面灌溉中较好的方法，即在核桃行间开沟，把水引入沟中，靠渗透湿润根际土壤。节省灌溉用水，又不破坏土壤结构。灌水沟的多少以栽植密度而定，在稀植条件下，每隔 1～1.5 米开一条沟，宽 50 厘米、深 30 厘米左右。密植园可在 2 行树之间只开一条沟。灌水后平沟整地。

### （二）地下灌溉（管道灌溉）

借助于地下管道，把水引入深层土壤，通过毛管作用逐渐湿润根系周围。用水经济，节省土地，不影响地面耕作。整个管道系统包括水塔（水池）、控水枢纽、干管、支管和毛管。各级管道在园中交织成网状排列，管道埋于地下 50 厘米处。通过干管、支管把水引入果园，毛管铺设在行间或株间，管上每隔一段距离留有出水小孔（或其他新材料渗透水）。灌溉时水从小孔渗出湿润土壤。控水枢纽处设有严密的过滤装置，防止泥沙、杂物进入管道。山地果园可把供水池建在高处，依靠自压灌溉；平地果园需修建水塔，通过机械扬水加压。

干旱缺水的山区，可使用果树皿灌器。以当地红黏土为主，配合适量的褐、黄、黑土及耐高温的特异土，烧成三层复合结构的陶罐。罐的口径及底径均为 20 厘米，胴径及高皆为 35 厘米，壁厚 0.8～1 厘米，容水量约 20 千克。应用时，将陶罐埋于果树根系集中分布区，两罐之间相距 2 米。罐口略低于地平面，注水后用塑膜封口。一般情况下，每年 4 月上旬、5 月上旬、5 月末 6 月初、7 月末 8 月初各灌水一次，共 4 次。陶罐渗灌可改良土壤理化性状，有利于果树生长结果。在水中加入微量元素（铁、锌等），还能防治缺素症。适合在山地、丘陵及水源紧缺的果园推广。

### （三）喷灌

整个喷灌系统包括水源、进水管、水泵站、输水管道、竖管和喷头几部分。应用时可根据土壤质地、湿润程度、风力大小等调节压力、选用喷头及确定喷灌强度，以便达到无渗漏、径流损失，又不破坏土壤结构，同时能均匀湿润土壤的目的。喷灌节约用水，用水量是地面灌溉的 1/4，保护土壤结构。调节果园小气候，清洁叶面，霜冻时还可减轻冻害，炎夏喷灌可降低叶温、气温和土温，防止高温、日灼伤害。

### （四）滴灌

整个系统包括控制设备（水泵、水表、压力表、过滤器、混肥罐等）、干管、支管、毛管和滴头。具有一定压力的水从水源经严格过滤后流入干管和支管，把水输送到果树行间，围绕树株的毛管与支管连接，毛管上安有 4～6 个滴头（滴头流量一般为 2～4 升/小时）。水通过滴头源源不断地滴入土壤，使果树根系分布层的土壤一直保持最适宜的湿度状态。滴灌是一种用水经济、省工、省力的灌溉方法，特别适用于缺少水源的干旱山区及沙地。应用滴灌比喷灌节水 36%～50%，比漫灌节水 80%～

92％。由于供水均匀、持久，根系周围环境稳定，十分有利于果树的生长发育。但滴头易发生堵塞，更换及维修困难。昼夜不停使用滴灌时，土壤水分过饱和，易造成湿害。滴灌时间应掌握湿润根系集中分布层为度。滴灌间隔期应以核桃生育进程的需求而定。通常在不出现萎蔫现象时，无需过频灌水。

# 三、蓄水保墒方法

## （一）薄膜覆盖

一般在春季的 3～4 月份进行。覆盖时，可顺行覆盖或只在树盘下覆盖。覆盖能减少水分蒸发，提高根际土壤含水量，盆状覆膜具有良好的蓄水效果。覆膜能提高土壤温度，有利于早春根系生理活性的提高，促进微生物活动，加速有机质分解，增加土壤肥力；还能明显提高幼树栽植成活率，促进新梢生长，有利于树冠迅速扩大。

## （二）果园覆草

一年四季均可进行，以夏季（5 月份）为好。提倡树盘覆草。新鲜的覆盖物最好经过雨季初步腐烂后再用。覆草后有不少害虫栖息草中，应注意向草中喷药，集中诱杀。秋季应清理树下落叶和病枝，防治早期落叶病、潜叶蛾和炭疽病等病虫害。不少平原地区的果农改进了果园覆草技术，即进行夏覆草、秋翻埋的树盘覆草，每年 5 月份进行，用草量 1 500 千克左右，厚度 5 厘米左右，盖至秋施基肥时翻入地下。

## （三）使用保水剂

保水剂是一种高分子树脂化工产品，外观像盐粒，无毒，无味，为白色或微黄色中性小颗粒，遇水后能在极短的时间内吸足水分，其颗粒吸水后能膨胀 350～800 倍，形成胶体，即使对它施加压力，也不会把水挤出。把它掺入土壤中，就像一个贮水的调节器，降水时贮存雨水，并把水分牢固地保持在土壤中，干旱时释放水分，持续不断地供给果树根系吸收。保水剂本身因释放出水分也不断收缩，逐渐腾出了所占据的空间，有利于增回土壤中的空气含量。这样，就能避免由于灌溉或雨水过多而造成的土壤通气不良。保水剂不仅能吸收雨水和灌溉水，还能从大气中吸收水分。保水剂能在土壤中反复吸水，可连续使用 3～5 年。

## 四、防涝排水

果园排水系统由小区内的排水沟、小区边缘的排水支沟和排水干沟三部分组成。

排水沟挖在果园行间，把地里的水排到排水支沟中去。排水沟的大小、坡降以及沟与沟之间的距离，要根据地下水位的高低、雨季降雨量的多少而定。

排水支沟位于果园小区的边缘，主要作用是把排水沟中的水排到排水干沟中去。排水支沟要比排水沟略深，沟的宽度可以根据小区面积大小而定，小区面积大的可适当宽些，小区面积小的可以窄些。

排水干沟挖在果园边缘，与排水支沟、自然河沟连通，把水排出果园。排水干沟比排水支沟要宽些、深些。

有泉水的涝洼地或上一层梯田渗水汇集到果园而形成的涝洼地，可在涝洼地的上方开一条截水沟，将水排出果园。也可以在涝洼地里面用石砌一条排水暗沟，使水由地下排出果园。对于因树盘低洼而积涝的，结合土壤管理，在整地时加高树盘土壤，使之稍高出地面，以解除树盘低洼积涝。

# 第九章

# 核桃树整形修剪

根据核桃树的生长结果特性及栽培环境具体情况，通过整形修剪的措施，调节核桃树体营养生长和生殖生长的关系；同时培养良好的树体结构，改善群体和个体的光照关系，从而创造早果、高产、稳产和优质的条件，建立合理的丰产群体。

## 第一节　整形修剪的意义、依据及原则

### 一、整形修剪的意义

#### （一）调节核桃树体与环境间的关系

整形修剪可调整核桃树个体与群体结构，提高光能利用率，创造较好的微域气候条件，更有效地利用空间。良好的群体和树冠结构还有利于通风、调节温度、湿度和便于操作。

提高有效叶面积指数和改善光照条件，是核桃树整形应遵循的原则，必须双方兼顾。只顾前者，往往影响品质，也影响产量；只顾后者，则影响产量。

增加叶面积指数，主要是多留枝，增加叶丛枝比例，改善群体和树冠结构。改善光照主要控制叶幕，改善群体和树冠结构，其中通过合理整形，可协调两者的矛盾。

稀植时，整形主要考虑个体的发展，重视快速利用空间，树冠结构合理及其各局部势力均衡，尽量做到扩大树冠快，枝量

多，先密后稀，层次分明，骨干开展，势力均衡。密植时，整形主要考虑群体发展，注意调节群体的叶幕结构，解决群体与个体的矛盾；尽量做到个体服从群体，树冠要矮，骨干要少，控制树冠，通风透光，先"促"后"控"，以结果来控制树冠。

## （二）调节树体各局部的均衡关系

**1. 利用地上部与地下部动态平衡规律调节核桃树的整体生长**　核桃树地上部与地下部是相互依赖，相互制约的，二者保持动态平衡。任何一方的增强或减弱，都会影响另一方面的强弱。修剪就是有目的地调整两者的均衡，以建立有利的新的平衡关系，但受到接穗和砧木生长势强弱、贮藏养分多少、剪留枝芽或根质量、新梢生长对根系生长抑制作用以及环境和栽培措施如土壤湿度和激素应用等的制约而有变化。

对生长旺盛、花芽较少的树，修剪虽然促进局部生长，但由于剪去了一部分器官和同化养分，一般会抑制全树生长，使全树总生长量减少，这就是通常所称的修剪的二重作用。但是，对花芽多的成年树，由于修剪剪去了部分花芽和更新复壮等的作用，反而会比不修剪的增加总生长量，促进全树生长。

**2. 调节营养器官与生殖器官的均衡**　生长与结果这一对基本矛盾在核桃树一生中同时存在，贯穿始终，可通过修剪进行调节，使双方达到相对均衡，为高产稳产优质创造条件。调节时，首先要保证有足够数量的优质营养器官。其次，要使其能产生一定数量的花果，并与营养器官的数量相适应，如花芽过多，必须疏剪花芽和疏花疏果，促进根叶生长，维持两类器官的均衡。第三，要着眼于各器官各部分的相对独立性，使一部分枝梢生长，一部分枝梢结果，每年交替，相互转化，使两者达到相对均衡。

**3. 调节同类器官间的均衡**　一株核桃树上同类器官之间也存在着矛盾，需要通过修剪加以调节，以利于生长结果。修剪调节时，要注意器官的数量、质量和类型。有的要抑强扶弱，使生长适中，有利于结果；有的要选优去劣，集中营养供应，提高器官质量。对于枝条，既要保证有一定的数量，又要搭配和调节长、中、短各类枝的比例和部位。对徒长旺枝要去除一部分，以缓和竞争，使多数枝条健壮，从而利于生长和结果。再如结果枝和花芽的数量少时，应尽量保留；雄花数量过多，选优去劣，减少消耗，集中营养，保证留下的生长良好。

### （三）调节树体的营养状况

（1）调整树体叶面积，改变光照条件，影响光合产量，从而改变了树体营养制造状况和营养水平。

（2）调节地上部与地下部的平衡，影响根系生长，从而影响无机营养的吸收与有机营养的分配状况。

（3）调节营养器官和生殖器官的数量、比例和类型，从而影响树体的营养积累和代谢状况。

（4）控制无效枝叶和调整花果数量，减少营养的无效消耗。

（5）调节枝条角度、器官数量，输导通路、生长中心等，定向地运转和分配营养物质。核桃树修剪后树体内水分、养分的变化很明显。修剪可以提高枝条的含氮量及水分含量。修剪程度不同，其含量变化有所区别。但是，在新梢发芽和伸长期修剪，对新梢内碳水化合物含量的影响和对含氮及含水量相反，随修剪程度加重而有减少的趋势。

## 二、整形修剪的依据及原则

### （一）自然环境和当地条件原则

自然环境和当地条件对果树的生长有较大的影响。在多雨多湿的地带，果园的光照和通风条件较差，树势容易偏旺，应适当控制树冠的体积，栽植密度应适当小一些，留枝密度也应适当减小；在干燥少雨的地带，果园光照充足，通风较好，则果树可栽得密一些，留枝也可适当多一些；在土壤瘠薄的山地、丘陵地和沙地，果树的生长发育往往受到限制，树势一般表现较弱，整形应采用小冠型，主干可矮一些，主枝数目相对多一些，层次要少，层间距要小，修剪应稍重，多短截，少疏枝；在土壤肥沃、地势平坦、灌水条件好的果园，果树往往容易旺长，整形修剪可采用大冠型，主干要高一些，主枝数目适当减少，层间距要适当加大，修剪要轻；风害较重的地区，应选用小冠型，降低主干高度，留枝量应适当减小；易遭霜冻的地方，冬剪时应多留花芽，待花前复剪时再调整花量。

## （二）品种和生物学特性原则

萌芽力弱的品种，抽生中短枝少，进入结果期晚，幼树修剪时应多采用缓放和轻短截；成枝力弱的品种，扩展树冠较慢，应采用多短截少疏枝；以中、长果枝结果为主的品种，应多缓放中庸枝以形成花芽；以短果枝结果为主的品种，应多轻截，促发短枝形成花芽；对干性强的品种，中心干的修剪应选弱枝当头或采用"小换头"的方法抑制上强；对干性弱的品种，中心干的修剪应选强枝当头以防止上弱下强；枝条较直立的品种，应及时开角缓和树势以利形成花芽；枝条易开张下垂的品种，应注意利用直立枝抬高角度以维持树势，防止衰弱。

## （三）核桃树的年龄时期原则

生长旺的树宜轻剪缓放，疏去过密枝注意留辅养枝，弱枝宜短截，重剪少疏，注意背下枝的修剪。初果期是核桃树从营养生长为主向结果为主转化的时期，树体发育尚未完成，结果量逐年增加，这时的修剪应当既利于扩大树冠，又利于逐年增加产量，还要为盛果期树连年丰产打好基础；盛果期的树，在保证树冠体积和树势的前提下，应促使盛果期年限尽量延长；衰老期果树营养生长衰退，结果量开始下降，此时的修剪应使之达到复壮树势、维持产量、延长结果年限。

### （四）枝条的类型原则

各种枝条营养物质的积累和消耗不同，各枝条所起的作用也不同，修剪时应根据目的和用途采取不同的修剪方式。树冠内膛的细弱枝，营养物质积累少，如用于辅养树体，可暂时保留；如生长过密，影响通风透光，可部分疏除，同时可起到减少营养消耗的作用。中长枝积累营养多，除满足本身的生长需要外，还可向附近枝条提供营养。如用于辅养树体，可作为辅养枝修剪；如用于结果，可采用促进成花的修剪方法。强旺枝生长量大，消耗营养多，甚至争夺附近枝条的营养，对这类枝条，如用于建造树冠骨架，可根据需要进行短截；如属于和发育枝争夺营养的枝条，应疏除或采用缓和枝势的剪法；如需要利用其更新复壮枝势或树势，则可采用短截法促使旺枝萌发。

### （五）地上部与地下部的平衡关系原则

核桃树的地上与地下两部分组成一个整体，叶片和根系是营养物质合成的两个主要部分，它们之间在营养物质和光合产物的运输分配中相互联系、相互影响，并由树体本身的自行调节作用使地上和地下部分经常保持着一定的相对平衡关系。当环境条件改变或外加人为措施（如土壤、水肥、自然灾害及修剪等）时，这种平衡关系即受到破坏和制约。平衡关系破坏后，核桃树会在变化了的条件下逐渐建立起新的平衡。但是，地上与地下部的平衡关系并不都是有利于生产的。在土壤深厚、肥水充足时，树体会表现为营养生长过旺，不利于及时结果和丰产。对这些情况，修剪中都应区别对待。如干旱和贫瘠土壤中的果树，应在加强土壤改良，充分供应氮肥和适量供应磷、钾肥的前提下，适当少疏枝和多短截，以利于枝叶的生长；对土壤深厚、肥水条件好的果树，则应在适量供应肥水的前提下，通过缓放、疏花疏果等措施，促使其及时结果和保持稳定的产量。又如衰老树，树上细、弱、短枝多，粗壮旺枝少，而地下的根系也很弱，这也是地上、地下部的一种平衡状态。对这类树更新复壮，应首先增施肥水，改善土壤条件并及时进行更新修剪。如只顾地上部的更新修剪，没有足够的肥水供应，地上部的光合产物不能增加，地下的根系发育也就得不到改善，反过来又影响了地上部更新复壮的效果，新的平衡就建立不起来。

结果数量也是影响地下部分生长的重要因素。在肥水不足时，必须进行控制坐果量的修剪，以保持地下、地上部的平衡。如坐果太多，则会抑制地下根系的发育，树势就会衰弱下去，并出现大小年的现象，甚至有些树体会因结果太多而衰弱致死。

# 第二节　核桃树的适宜树形

## 一、疏散分层形

疏散分层形也称主干分层形，是有中央领导干的树形。有明显的中心干，分 2~3 层螺旋形着生，有 5~7 个主枝。第一层一般 3 个主枝，基角 60°。第二层主枝 2 个，上下两层主枝间隔距离 1.5~2 米，以免枝叶过于茂密，影响通风透光。第三层主枝 1~2 个，保持二三层层间距 0.8~1 米，在第一个侧枝对面留第二侧枝，距第一侧枝 0.5 米左右。距第二侧枝 0.8~1.2 米留第三侧枝。树冠呈半圆和圆锥形。

### （一）疏散分层形的特点

通风透光，骨架结合牢固，枝量大，结果部位多，负载量大，产量高，寿命长。但盛果期后树冠易郁闭，内膛易光秃，产量会下降。该树形适于生长在条件较好的地方和干性强的稀植树。

## （二）疏散分层形的培养（图9-1）

第一步：定干当年或第二年，在主干定干高度以上选留3个不同方位、水平夹角约120°，且生长健壮的枝或已萌发的壮芽，培养为第一层主枝，层内距离大于20厘米。1～2年完成选定第一层主枝。如果选留的最上一个主干距主干延长枝顶部过近或第一层主枝的层内距过小，都容易削弱中央领导干的生长，甚至出现"掐脖"现象，影响主干的形成。当第一层预选为主枝的枝或芽确定后，只保留中央领导干延长枝的顶枝或芽，其余枝、芽全部剪除或抹掉。

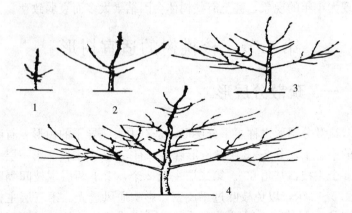

图9-1 疏散分层形整形过程
1. 定干 2. 第一年 3. 第二年 4. 第三年

第二步：一二层的层间距，早实核桃为60～80厘米。在一二层层间距以上已有壮枝时，可选留第二层主枝，一般为1～2个。同时，可在第一层主枝上选留侧枝，第一个侧枝距主枝基部的长度，早实核桃40～60厘米。选留主枝两侧向斜上方生长的枝条1～2个作为一级侧枝，各主枝间的侧枝方向要互相错落，避免交叉，重叠。

　　第三步：继续培养第一层主、侧枝和选留第二层主枝上的侧枝。由于第二层与第三层的层间距要求大一些，可延迟选留第二层主枝。如果只留两层主枝，第二层主枝为2～3个，两层的层间距早实核桃1.5米左右，并在第二层主枝上方适当部位落头开心。

　　第四步：继续培养各层主枝上的各级侧枝。晚实核桃和早实核桃幼树7～8年生时，开始选留第三层主枝1～2个，第二层与第三层的层间距，早实核桃1.5米左右，并从最上一个主枝的上方落头开心。至此，主干形树冠骨架基本形成。

# 二、自然开心形

　　自然开心不分层次，无中心干，一般都有2～4个主枝，每个主枝选留斜生侧枝2～3个。方法基本同疏散分层形。但第一侧枝距中心应当稍近，如留2个主枝为0.6米；留3个主枝为1米。整形期间应注意调整各主枝间的平衡，防止背后侧枝与主枝延长枝的竞争。

## （一）自然开心形的特点

　　成形快，结果早，整形容易，便于掌握。幼树树形较直立，进入结果期后逐渐开张，通气透光好，易管理。该树树形适于在土层较薄、土质较差、肥水条件不良地区栽植的核桃树和树姿开张的早实品种采用。根据主枝的多少，开心形核桃可分为两大主枝、三大主枝和多主枝开心形，其中以三大主枝较常见。

## （二）自然开心形的培养（图9-2）

　　第一步：在定干高度以上留出3～4个芽的整形带。在整形带内，按不同方位选留2～4个枝条或已萌发的壮芽作为主枝。各主枝基部的垂直距离无严格要求，一般为30～40厘米。主枝可1～2次选留。选留各主枝的水平距离应一致或相近，并保持每个主枝的长势均衡。

第二步：各主枝选定后，开始选留一级侧枝，由于开心形树形主枝少，侧枝应适当多留，即每个主枝应留侧枝3～4个。各主枝上的侧枝要上下错落，均匀分布。第一侧枝距主干的距离为早实核桃0.5～0.7米左右。

第三步：早实核桃5年生，开始在第一主枝一级侧枝上选留二级侧枝1～2个；第二主枝的一级侧枝2～3个。第二主枝上的侧枝与第一主枝上的侧枝的间距，早实核桃为0.8～1.0米。至此，开心形的树冠骨架基本形成。

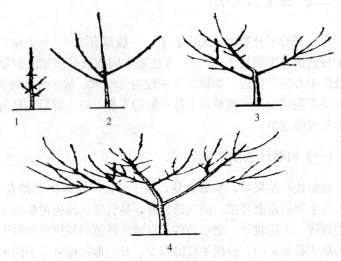

图9-2　自然开心形整形过程
1. 定干　2. 第一年　3. 第二年　4. 第三年

# 三、主干形

## （一）主干形的树相特征

主干形又叫柱形，以中干为中心，螺旋向上排列12～15个或更多的主枝，向四周伸展，下部侧枝略长。干高60厘米左右，树高约6米，有中央干，直立。

### （二）主干形的特点

中干保持绝对优势，主枝可随时更新，主枝枝龄经常保持年轻状态。这种树形通风透光好，因而结果能力强，可丰产。该树形适于干性较强的品种，多为早实核桃密植丰产园。

### （三）主干形树的培养（图9-3）

核桃苗定植后，在1米高处定干。当新梢长到20～25厘米时摘心，促发新枝。主枝延长头生长到20～25厘米时，再摘心，促发新枝，但要保证主干的优势，使侧枝间隔15～20厘米，螺旋向上排列，并力求使主干延长枝直立，保持顶端优势。整个树体一般3～4年可以完成整形。其总体要求是上小下大，外疏里密。该树形适宜品种也要有较强干性，要特别注意保持中干的优势，主枝的粗度不能超过中干的1/3。

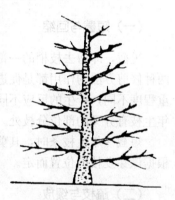

图9-3 主干形树形

# 第三节 核桃修剪的时期与方法

## 一、适宜的修剪时期

核桃树修剪极易由伤口产生伤流，长期以来我国核桃修剪在萌芽展叶以后（春剪）和采收后至落叶前（秋剪）进行，这段时间核桃伤流较轻。河北农业大学通过对春剪、秋剪和冬剪的效果比较分析认为，冬剪虽有伤流损失，但远不及秋剪减少光合产物及叶片养分尚未回流等的损失。春剪是在新器官刚刚建立之后进行的，高呼吸消耗等损失营养更高，因而从营养损失上看，冬剪损失最少，这是冬剪树势较强和产量较高的根本原因。但就冬剪而言，以避开前一伤流高峰期（11月中下旬至12月上旬）为宜。因此，核桃树修剪的适宜时期为冬季，冬剪最好在核桃（山东泰安3月下旬）芽萌动前完成。

# 二、整形修剪的主要方法

## （一）短截与回缩

短截，即剪去枝梢的一部分；回缩，即在多年生枝上短截。两种修剪方法的作用都是促进局部生长，促进多分枝。修剪的轻重程度不同，产生的反应不同。为提高其角度，一般可回缩到多年生枝有分叉的部位分枝处。

短截一年生枝条时，其剪口芽的选留及剪口的正确剪法，应根据该芽发枝的位置而定。

## （二）疏枝与缓放

从基部剪除枝条的方法称疏枝，又叫疏除，果树枝条过于稠密时，应进行疏枝，以改善通风透光条件，促进花芽形成。疏枝与短截有完全不同的效应。

缓放也是修剪的一种手法，即抛放不剪截，任枝上的芽自由萌发。缓放既可缓和生长势，还有利于腋花结果。

枝条缓放成花芽后，即可回缩修剪，这种修剪法常在幼树和旺树上采用。凡有空间需要多发枝时，应采取短截的修剪方法；枝条过于密集，要进行疏除；而长势过旺的枝，宜缓放。只有合理修剪，才能使果树生长、结果两不误，以达到早丰、稳产、优质的要求。

### （三）摘心与截梢

摘心是摘去新梢顶端幼嫩的生长点，截梢是剪截较长一段梢的尖端。其作用不仅可以抑制枝梢生长，节约养分以供开花坐果之需，避免无谓的浪费，提高坐果率，更可在其他果枝上促进花芽形成和开花结果。摘心还可促进根系生长，促进侧芽萌发分枝和二次枝生长。此种方法在快速成形方面可加快枝组形成，提高分枝级数，从而提高结果能力。

### （四）抹芽和疏梢

用手抹除或用剪刀削去嫩芽，称为抹芽或除芽。疏梢是新梢开始迅速生长时，疏除过密新梢。抹芽和疏梢的作用是节约养分，以促进所留新梢的生长，使其生长充实；除去侧芽、侧枝，改善光照，有利于枝梢充实及花芽分化和果实品质的提高。尽早除去无益芽、梢，可减少后来去大枝所造成的大伤口及养分的大量浪费。

### （五）拉枝

拉枝是将角度小的主要骨干枝拉开。此法对旺枝有缓势的效应。拉枝适于在春季树液开始流动时进行，将树枝用绳或铁丝等牵引物拉下，靠近枝的部分应垫上橡皮或布料等软物，防止伤及皮部。

# 第四节　不同年龄树的修剪

## 一、核桃幼树的整形修剪

核桃在幼树阶段生长很快，如任其自由发展，则不易形成良好的丰产树形。尤其是早实核桃，分枝力强，结果早，易抽发二次枝，造成树形紊乱，不利于正常生长和结果。因此，合理进行整形和修剪，对保证幼树健壮生长，促进早果、丰产和稳产，具有重要的意义。

### （一）幼树整形

在生产实践中，应根据品种特点、栽培密度及管理水平等情况，确定合适的树形，做到"因树修剪，随枝造形，有形不死，无形不乱"。但切不可过分强调树形。

**1. 定干** 树干的高低与树高、栽培管理方式和间作物等关系密切。定干高度应根据品种特点、土层厚度、肥力高低和间作模式等因地、因树而定。如晚实核桃结果晚，树体高大，主干可适当高些，干高可留 1.5~2 米。山地核桃因土壤瘠薄，肥力差，干高以 1~1.2 米为宜。早实核桃结果早，树体较小，主干可矮些，干高可留 0.8~1.2 米。立地条件好的，核桃树定干可高一些。密植时，定干可低一些。早期密植丰产园，核桃树干高可定为 0.6~1 米。果材兼用型品种，为提高干材的利用率，干高可达 3 米以上。

（1）早实核桃定干 在定植当年发芽后，抹除要求干高以下部位的全部侧芽。如幼树生长未达到定干高度，可于翌年定干。如果顶芽坏死，可选留靠近顶芽的健壮芽，促其向上生长，待达到一定高度后再定干。定干时，选留主枝的方法与晚实核桃相同。

（2）晚实核桃定干 春季核桃树萌芽后，在定干高度的上方选留一个壮芽或健壮的枝条作为第一主枝，并将以下枝、芽全部剪除。如果幼树生长过旺，分枝时间推迟，为控制干高，可在要求干高上方的适当部位进行短截，促使剪口芽萌发，然后选留第一主枝。

**2. 培养树形** 幼树适宜培养的树形主要有疏散分层形、自然开心形和主干形 3 种。具体整形措施见本章第二节。

### （二）幼树修剪

核桃幼树修剪是在整形的基础上继续选留和培养结果枝和结果枝组，及时剪除一些无用枝。这是培养和维持丰产树形的重要技术措施。此期应充分利用顶端优势，采取高截、低留的定干整形法。即达到定干高度时剪截，低时留下顶芽，达到定干高度后采用破顶芽或短截手法，促使幼树多发枝，尽快形成骨架，为丰产打下坚实的基础，达到早成形、早结果的目的。许多晚实类的核桃新梢顶芽肥大，优势很强，萌生侧枝及短枝力弱，可在新梢长 60～80 厘米时摘心，促发 2～3 个侧枝。这样，可加强幼树整形效果，提早成形。核桃幼树的修剪方法因各品种生长发育特点的不同而异。其具体方法有以下几种。

**1. 控制二次枝**　早实核桃在幼龄阶段抽生二次枝是普遍现象。由于二次枝抽生晚，生长旺，组织不充实，在北方地区冬季易发生抽条现象，因此必须进行控制。具体方法是：①若二次枝生长过旺，可在纸条木质化之前，将其从基部剪除。②凡在一个结果枝上抽生 3 个以上二次枝的，可于早期选留 1～2 个健壮枝，将其余的全部疏除。③在夏季，如选留的二次枝生长过旺，则要进行摘心，控制其向外伸展。④如一个结果枝只抽生一个生长势较强的二次枝，则可于春季或夏季将其短截，以促发分枝，培养结果枝组。短截强度以中、轻度为宜。

**2. 利用徒长枝**　早实核桃由于结果早，果枝率高，花果量大，养分消耗过多，常常造成新枝不能形成混合芽或营养芽，以至于第二年无法抽发新枝，而其基部的潜伏芽却会萌发成徒长枝。这种徒长枝第二年就能抽生 5～10 个结果枝，最多可达 30 个。这些果枝由顶部向基部生长势渐弱，枝条变短，最短的几乎看不到枝条，只能看到雌花。第三年中下部的小枝多干枯脱落，出现光秃带，结果部位向枝顶推移，易造成枝条下垂。因此，必须采取夏季摘心法或短截法，促使徒长枝的中下部果枝生长健壮，达到充分利用粗壮徒长枝培养健壮结果枝组的目的。

**3. 处理好旺盛营养枝**  对生长旺盛的长枝，以长放或轻剪为宜。修剪越轻，总发枝量、果枝量和坐果数就越多，二次枝数量就越少。

**4. 疏除过密枝，处理好背下枝**  早实核桃枝量大，易造成树冠内膛枝多，密度过大，不利于通风透光。对此，应按照去弱留强的原则，及时疏除过密的枝条。具体方法是从枝条基部剪除，切不可留桩，以利于伤口愈合。背下枝多着生在母枝先端背下，春季萌发早，生长旺盛，竞争力强，容易使原枝头变弱，而形成"倒拉"现象，甚至造成原枝头枯死。其处理方法是在萌芽后或枝条伸长初期剪除。如果原母枝变弱或分枝角度过小，则可利用背下枝或斜上枝代替原枝头，将原枝头剪除或培养成结果枝组。如果背下枝生长势中等，并已形成混合芽，则可保留其结果。如果背下枝生长健壮，结果后可在适当分枝处回缩，将其培养成小型结果枝。

**5. 主枝和中央领导干的处理**  为防止出现光秃带和促进树冠扩大，主枝和侧枝延长头可每年适当截留 60～80 厘米，剪口芽可留背上芽或侧芽。中央领导干应根据整形的需要每年短截。

# 二、核桃成年树的修剪

成年核桃树的树形已基本形成，产量逐渐增加。成年核桃树的主要修剪任务是继续培养主、侧枝，充分利用辅养枝早期结果，积极培养结果枝组，尽量扩大结果部位。其修剪原则是去强留弱，先放后缩，放缩结合，防止结果部位外移。结果盛期以后，由于结果量大，容易造成树体营养分配失衡，形成大小年，甚至有的树由于结果太多，致使一些枝条枯死或树势衰弱，严重影响核桃树的经济寿命。成年核桃树的修剪，要根据具体品种、栽培方式和树体本身的生长发育情况灵活操作，做到因树修剪。

## （一）结果初期树的修剪

此期树体结构初步形成，应保持树势平衡，疏除改造直立向上的徒长枝、外围的密集枝以及节间长的无效枝，保留充足的有效枝量（粗、短、壮），控制强枝向缓势发展（夏季拿、拉、换头），充分利用一切可利用的结果枝（包括下垂枝），达到早结果、早丰产的目的。

**1. 辅养枝修剪**　对影响主、侧枝的辅养枝回缩或逐渐疏除，给主、侧枝让路。

**2. 徒长枝修剪**　可采用留、疏、改相结合的方法进行修剪。早实核桃应当在结果母枝或结果枝组明显衰弱或出现枯枝时，通过回缩使其萌发徒长枝。对萌发的徒长枝，可根据空间选留，再经轻度短截，从而形成结果枝组。

**3. 二次枝修剪**　可用摘心和短截方法将二次枝培养成结果枝组，对过密的二次枝则去弱留强。同时，应注意疏除干枯枝、病虫枝、过密枝、重叠枝和细弱枝。早实核桃重点是防止结果部位迅速外移，对树冠外围生长旺盛的二次枝，进行短截或疏除。

## （二）盛果期树的修剪

盛果期的大核桃树，树冠大部分接近郁闭或已郁闭，外围枝量逐渐增多，且大部分成为结果枝，并由于光照不足，部分小枝干枯，主枝后部出现光秃带，结果部位外移，出现隔年结果现象。因此，这个时间修剪的主要任务是调整营养生长和生殖生长的关系，不断改善树冠内的通风透光条件，不断更新结果枝，以达到高产稳产的目的。修剪要点：疏病枝，透阳光；缩外围，促内膛；抬角度，节营养；养枝组，增产量。特别要做好抬、留的科学运用，绝对不能一次处理下垂枝，要本着三抬一、五抬二的手法（下垂枝连续三年生的可疏去一年生枝，五年生枝缩至二年生处，留向上枝）。盛果期核桃树的具体修剪方法如下：

**1. 骨干枝和外围枝的修剪** 晚实核桃随着结果量的增多，特别是丰产年份，大、中型骨干枝常出现下垂现象，外围枝伸展过长，下垂得更严重，因此对骨干枝和外围枝必须进行修剪。修剪的要点是及时回缩过弱的骨干枝。回缩部位可在有斜上生长的侧枝前部按去弱留强的原则，疏除过密的外围枝；对可利用的外围枝适当短截，以改善树冠的通风透光条件，促进保留枝芽的健壮生长。

**2. 结果枝组的培养与更新** 加强结果枝组的培养，扩大结果部位，防止结果部位外移，是保证核桃树盛果期丰产稳产的重要技术措施。特别是晚实核桃，更是如此。

（1）结果枝组的配置 大、中、小配置适当，均匀地分布在各级主、侧枝上。在树冠内，总体分布是里大外小，下多上少，使内部不空，外部不密，通风透光良好，枝组间距离为 0.6～1 米。

（2）培养结果枝组的途径 ①对着生在骨干枝上的大、中型辅养枝，通过回缩改造大、中型结果枝组。②对树冠内的健壮发育枝，采用去直立、留平斜，先放后缩的方法，培养成中、小型枝组；对部分留用的徒长枝，应首选开张角度的方法，控制旺长，并配合夏季摘心和秋季在"盲节"处短截，促生分枝，形成结果枝组。结果枝组经多年结果后，会逐渐衰弱，应及时更新复壮。

（3）培养结果枝的方法 ①2～3 年生的小型结果枝组，视树冠内的可利用空间，按去弱留强的原则，疏除一些弱小或结果不良的枝条，盛果后期核桃树生长势开始衰退，每年抽生的新梢很短，常形成三叉状小结果枝组，故应及时回缩，疏除部分短枝，以保证生长与结果平衡。②对于长势弱的中型结果枝组，可及时回缩复壮，使其内部交替结果，同时控制结果枝组内的旺枝。③对于大型结果枝组，应控制其高度和长度，以防"树上长树"。对于无延长能力或下部枝条过弱的大型结果枝组，则应进行回缩修剪，以保持其下部中、小型枝组正常生长结果。

**3. 结果枝组的更新** 由于枝组年龄过大，着生部位光照不良，过于密挤，结果过多，着生在骨干枝背后，枝组本身下垂，着生母枝衰弱等原因，均可使结果枝组生长势衰弱，不能分生足够的营养枝，结果能力明显降低。这种枝组需要及时更新。枝组更新要从全树生长势复壮和改善枝组光照条件入手，并根据枝组的不同情况采取相应的修剪措施。枝组内的更新复壮，可采取回缩至强壮分枝或角度较小的分枝处，以及剪果枝、疏花果等技术措施。对于过度衰弱的结果枝组，可从基部疏除。如果疏除后留有空间，可利用徒长枝培养新的结果枝组；如果疏除前附近有空间，也可先培养成新结果枝组，然后将原衰弱枝组逐年去除，以新代老。

**4. 辅养枝的利用与修剪** 辅养枝是指着生于骨干枝上的临时性枝条。其修剪要点是：①辅养枝与骨干枝不发生矛盾时，可保留不动；如果影响主、侧枝的生长，就应及时去除或回缩辅养枝。②辅养枝生长过旺时，应去强留弱，或将其回缩到弱分枝处。③对生长势中等、分枝良好又有可利用空间者，可剪去枝头，将其改造成大、中型结果枝组。

**5. 徒长枝的利用和修剪** 核桃成年树随着树龄和结果量的增加，外围枝生长势变弱或受病虫危害时，容易形成徒长枝，早实核桃更易发生徒长枝。其具体修剪方法如下：①如内膛枝条较多，结果枝组又生长正常，则可从基部疏除徒长枝。②如内膛有空间或其附近结果枝组已衰弱，则可利用徒长枝培养成结果枝组，促使结果枝组及时更新。③在盛果末期，树势开始衰弱，产量下降，枯死枝增多，更应注意对徒长枝的选留与培养。

**6. 背下枝的处理** 晚实核桃树背下枝强旺和夺头现象比较普遍。背下枝多由枝头的第二到第四个背下芽发育而成，生长势很强。若不及时处理，极易造成枝头"倒拉"现象，必须进行修剪。其具体修剪方法如下：①如生长势中等，并已形成混合芽，则可保留，让其结果。②如生长健壮，则待其结果后，可在适当分枝处回缩，将其培养成小型结果枝组。③如已产生"倒拉"现象，原枝头开张角度又较小时，则可将原头枝剪除，让背下枝取而代之。对无用的背下枝，则要及时剪除。

## 三、核桃衰老树的修剪

核桃树进入衰老期后，外围枝生长势减弱，小枝干枯严重。外围枝条下垂，产生大量"焦梢"，同时萌发出大量的徒长枝，出现自然更新现象，产量也显著下降。为了延长结果年限，可对衰老树进行更新复壮。其修剪要点是：①疏除病虫枯枝和密集无效枝，回缩外围枯梢枝，但必须回缩至有生长能力的部位，促其萌发新枝。②要充分利用一切可利用的徒长枝，尽快恢复树势，继续结果。对严重衰老树，要采取大更新的措施，即在主干及主枝上，截去衰老部分的 $1/3 \sim 2/5$，保证一次性重发新枝，3 年后可重新形成树冠。具体修剪方法如下。

### （一）主干更新（大更新）

将主枝全部锯掉，使其重新发枝，并形成主枝。具体做法有两种：①对于主干过高的植株，可从主干的适当部位，将树冠全部锯掉，使锯口下的潜伏芽萌发新枝，然后从新枝中选留方向合适、生长健壮的枝条 2～4 个培养枝。②对于主干高度适宜的开心形植株，可在每个主枝的基部锯掉。如系主干形植株，可先从第一层主枝的上部锯掉树冠，再从各主枝的基部锯掉，使主枝基部的潜伏芽萌芽发枝。

### （二）主枝更新（中更新）

在主枝的适当部位进行回缩，使其形成新的侧枝。具体修剪方法：选择健壮的主枝，保留 50～100 厘米长，其余部分锯掉，

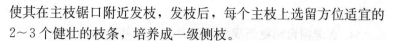

使其在主枝锯口附近发枝，发枝后，每个主枝上选留方位适宜的2～3个健壮的枝条，培养成一级侧枝。

### （三）侧枝更新（小更新）

将一级侧枝在适当的部位进行回缩，使其形成新的二级侧枝。其优点是新树冠形成和产量增加均较快。具体做法是：①在计划保留的每个主枝上，选择2～3个位置适宜的侧枝。②在每个侧枝中下部长有强旺分枝的前端（或下部）进行剪截。③疏除所有病枝、枯枝、单轴延长枝和下垂枝。④对于明显衰弱的侧枝或大型结果枝组，应进行重回缩，促其发生新枝。⑤枯梢枝要重剪，促其从下部或基部发枝，以代替原枝头。⑥对于更新的核桃树，必须加强土、肥、水管理和病虫害防治等综合技术措施，以防当年发不出新枝，造成更新失败。

## 四、核桃放任树的修剪

目前，我国放任生长的核桃树仍占有相当大的比例。对于其中的一部分幼旺树可通过高接换优的方法加以改造；对于大部分进入盛果期的核桃大树，在加强地下管理的同时，可进行修剪改造，以迅速提高核桃的产量和品质。

### （一）放任树的树体表现

**1. 大枝过多，层次不清**　主枝多轮生、重叠或并生。第一层主枝常有4～7个，中心干极度衰弱，枝条出现紊乱。

**2. 结果部位外移，内膛空虚**　主枝延伸过长，先端密集，基部秃裸，造成树冠郁闭，通风透光不良，内膛空虚，枝条细弱并逐渐干枯，结果部位外移。

**3. 生长衰弱，坐果率低**　结果枝细弱，连续结果能力低，落花、落果严重，坐果率一般只有30%～90%，产量低且隔年结果现象严重。

**4. 衰老树自然更新现象严重**　衰老树外围梢焦，从大枝中下部萌生新枝，形成自然更新，重新构成树冠，连续几年产量很少。

### （二）放任树的改造修剪方法

核桃放任树的改造修剪，一般需要 3 年完成。以后的修剪，可按常规修剪方法进行。

**1. 调整树形**　根据树体的生长情况、树龄和大枝分布的情况，确定适宜改造的树形，然后疏除过多的大枝，以利于集中养分，改善通风透光条件。对内膛萌发的大量徒长枝应充分加以利用，经 2~3 年将其培养成结果枝组。对于树势较旺的壮龄树，应分年疏除大枝，否则长势过旺，也会影响产量。在去大枝的同事，对外围枝要适当疏除，以疏外养内，疏前促后。树形改造需 1~2 年完成，修剪量占整个改造修剪量的 40%~50%。

**2. 稳势修剪**　核桃树形结构调整后，还应调整母枝与营养枝的比例，约为 3：1，对过多的结果母枝，可根据空间和生长势去弱留强，以充分利用空间。在枝组内调整母枝留量的同时，还应有 1/3 左右交替结果的枝组量，以稳定整个树体生长与结果的平衡。在此期间，核桃树的修剪量应掌握在 20%~30%。

上述修剪量应根据立地条件、树龄、树势和枝量多少，灵活掌握，各大、中、小枝的处理，要通盘考虑，做到因树修剪，随枝作形。另外，应加强土、肥、水管理相结合，否则难以收到良好的效果。

### （三）放任树的改造修剪方法

**1. 树形改造**　放任树的修剪，应根据具体情况随树作形。如果中心干明显，可改造成疏散分层形；若中心干已很衰弱或无中心干的，可将该树改造成自然开心形。

**2. 大枝处理** 修剪前，要对树体进行全面分析。重点疏除影响光照的密集枝、重叠枝、交叉枝、并生枝和病虫危害枝，留下的大枝要分布均匀，互不影响，以利于侧枝的配备。一般疏散分层形留 5~7 个主枝，特别是第一层要留 3~4 个；自然开心形可留 3~4 个主枝。为避免一次疏除大枝过多而影响树势，可以对一部分交叉重叠的大枝先进行回缩，分年疏除；对于较旺的壮龄树，也应分年疏除大枝，以免引起生长势更旺。

**3. 中型枝的处理** 中型枝是指着生在中心干和主枝上的多年生枝。大枝疏除后从整体上改善了通风透光条件，但在局部会有许多着生不适当的枝条。为了使树冠结构紧凑合理，处理时首先要选留一定数量的侧枝，而对其余枝条采取疏除和回缩相结合的方法，疏除过密枝和重叠枝，回缩过长的下垂枝，使其抬高角度。大枝疏除较多时，可多留些中型枝，大枝疏除少时，多疏除些中型枝。

**4. 外围枝的调整** 对冗长的细弱枝和下垂枝，必须进行适度回缩，以抬高角度，增强长势。对外围枝丛生密集的，要适当疏除；衰老树的外围枝大部分是中短果枝和雄花枝，应适当疏除和回缩，用粗壮的枝带头。

**5. 结果枝组的调整** 经过对大、中型枝的疏除和外围枝的调整，树体通风透光条件得到了改善，结果枝组有了复壮的机会，可根据树体结构、空间大小、枝组类型（大型、中型、小型）和枝组的生长势确定结果枝组的调整。对枝组过多的树，要选留生长健壮的枝组，疏除衰弱的枝组。有空间的，要适当回缩，去掉细弱枝、雄花枝和干枯枝，培养强壮结果枝组来结果。

**6. 内膛枝组的培养** 经过改造修剪的核桃树，内膛常萌发许多徒长枝，对其要有选择地加以培养和利用，使其成为健壮的结果枝组。常用两种方式对它进行培养：一是先放后缩，即对选留的中庸徒长枝（长度 80~100 厘米），第一年长放，任其自然分枝；第二年根据需要的高度，将其回缩到角度大的分枝上。下

一年修剪时再去强留弱。二是先截后放，即第一年当徒长枝长到
60～80 厘米长时，采取夏季带叶短截的方法，截去 1/4～1/3；
或在 5～7 个芽处短截，促进分枝，有的当年便可萌发出二次枝。
第二年除去直立旺长枝，用较弱枝当头缓放，促其成花结果。对
于生长势很旺、长度在 1.2～1.5 米的徒长枝，因其极性强，难
以控制，一般不宜选用。

内膛结果枝组的配备数量，应根据具体情况而定。一般枝组
间距离 60～100 厘米，要做到大、中、小枝相互交错排列。对于
树龄较小、生长势较强的树，应尽量少留或不留背上直立枝组。
对于衰弱的老树，可适当多留一些背上枝组（图 9-4）。

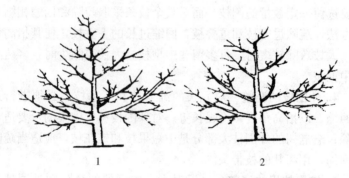

1        2

图 9-4　放任树的修剪
1. 修剪前　2. 修剪后

# 第五节　核桃低产园的改造及<br>高接换种

## 一、造成核桃低产园的原因

**1. 品种化栽培程度低**　我国绝大多数核桃是 20 世纪 60～80
年代发展起来的，树龄在 20～30 年，且当时所发展的核桃几乎
都是实生核桃。近几年新发展的核桃园，仍有一部分是实生核

桃。由于缺乏优良品种，必然造成结果晚、产量低、品质差。实生繁殖缺乏大面积品种化栽培是造成我国核桃低产的根本原因。

**2. 不能做到适地适树建园栽培**　从我国大面积的核桃栽培情况来看，不少核桃园建在土层只有 30～40 厘米厚的山岭薄地上，由于土层较薄，土壤肥力较差，导致大部分植株生长不良或形成"小老树"，导致产量甚低。

**3. 放任管理，栽培技术落后**　我国核桃普遍存在管理粗放甚至放任生长的现象，这是导致核桃低产的另一主要原因。突出表现在两个方面：一是栽植过密，造成过早郁闭，园内和冠内通风透光不良，不仅结果部位外移，而且影响树体正常生长发育和花芽分化，严重影响了核桃的产量；二是技术不配套，栽培水平低下，导致树体结构紊乱、枝条密挤、病虫害严重、缺肥少水，严重影响了核桃树体的发育和产量的提高。

# 二、低产园的高接换种

高接换种，是利用高接技术把低产实生树改换成早实、丰产、优质的优良品种，以提高核桃园的产量和效益。低质劣产核桃树通过高接改优，不仅坚果品质得到了根本改善，产量更得到了显著提高。高接后第二年均能结果，但产量较低，单株平均产量为 0.5 千克左右，亩产 10 千克左右。结果第二年单株平均产量达 2 千克左右，亩产达 40 千克以上，第三年株产达 4 千克左右，亩产达 50～10 千克，第四年以后为未改接树产量的 4～7 倍。

## （一）高接品种的选择

不论是早实品种或是晚熟品种都应具备以下条件：

**1. 丰产性强**　达到或超过国家标准要求，特别注意其稳产性。

**2. 坚果品质好**　达到国家标准中优级或一级指标的要求。

**3. 抗逆性强**　在北方寒冷地区要注意抗寒和抗晚霜品种，干旱地区要选择耐旱性强的晚熟优良品种。

另外，一个地方可选择 2～3 个主栽品种，适当栽一些授粉品种，但引入品种量不宜过多，否则会造成良种混杂，影响坚果品质。

## （二）高接树的选择

### 1. 树体条件

（1）选择性改接　对 20 年生以上的低产树和夹仁核桃树要进行改接换优，因树体高大不便高接操作或产量高的树可不改接。

（2）逐年改接　对 10～20 年生的初结核桃应逐年改接，多头改接；对过密的核桃园可隔株改接，待以后将未改接的树间伐。

（3）一次性改接　对 10 年生以下的幼树应多头改接。

另外，对 60 年生以上的衰老树没必要改接，只要加强管理，维持和延长结果寿命即可。

**2. 立地条件**　对低产树、幼龄树进行改接换优时，应选择土层深厚、生长旺盛的树进行改接；对立地条件好，但由于长期粗放管理，使土壤板结，营养不良所形成的小老树，应先进行土壤改良，通过施肥、扩穴、深翻等措施促进树势由弱变强，然后再进行改接换优。

## （三）高接部位的选择

选择生长健壮的植株，嫁接部位直径粗度 5～7 厘米，不超过 10 厘米。砧木龄在 10 年以上的树，高接部位因树而异，可在主干或主枝上进行单头单穗、单头双穗或多头多穗进行高接。砧木接口直径在 3～4 厘米时可单头单穗，直径在 5～8 厘米时可一

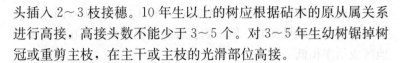

头插入 2~3 枝接穗。10 年生以上的树应根据砧木的原从属关系进行高接，高接头数不能少于 3~5 个。对 3~5 年生幼树锯掉树冠或重剪主枝，在主干或主枝的光滑部位高接。

### （四）接穗的采集与保存

接穗应在发芽前 20~30 天采集，从优良品种树冠外围的中上部采集，粗度在 1.2 厘米以上、芽子饱满、枝条充实、髓心小（50％以下）、无病虫害的一年生健壮枝条。采后剪口一定要用漆封严，防止伤流。接穗剪口应蜡封后分品种捆好，埋到背阴处 5℃以下的地沟内保存，也可装入内有湿锯末的塑料袋中，放入冷库中贮藏。嫁接前 2~3 天，放在常温下催醒，使其萌动离皮后再嫁接。

### （五）放水

核桃树不同其他果树，嫁接时常有伤流液流出，影响嫁接成活率，因此在大树高接 2~3 天前放水，在干基或主枝基部 5~10 厘米处锯 2~3 个锯口，深度为干径的 1/3~1/5，呈螺旋状交错斜锯放水；或嫁接前 7 天从预嫁接部位以上 20 厘米处截断，防水后再进行嫁接。幼树改接时，一般在接口下距地 10~20 厘米处锯两条深达木质部 1~1.5 厘米的锯口。

### （六）高接时期和方法

**1. 高接时期**  以萌芽出叶 3~5 厘米最好，太早伤流重，太迟树体养分消耗多。

**2. 高接方法**  目前春季改接应用最普遍的是插皮舌接，嫁接后需要保湿处理，即用内衬有旧报纸的塑料筒套扎在接口上，下部扎紧，筒内装细湿土至接穗顶部以上 1 厘米，顶部留 3~5 厘米空间以利于新稍生长。

也可采用聚乙烯醇胶液（聚乙烯醇：水＝1∶10 加热熔解而

成）涂刷接穗的保湿方法，操作简便，省工少料、工效高、接后管理环节少、效果良好。但不如套袋的前期生长快，在干旱多风地区成活率稍低。

现在多应用夏季芽接，5 月中旬至 6 月中旬以当年半木质化绿枝作接穗，在砧木的当年生枝上进行芽接。

### （七）高接后的管理

**1. 除萌**　除萌应分段进行。接后 15 天内，砧木上萌蘖适当疏除，可暂时保留 1～2 个。接后 20～30 天，视接穗成活情况而定，接芽萌发的抹除接口以下萌蘖，接穗新鲜而未萌动的，其下部保留一个萌条并控制其生长，接穗已枯死的保留 1 个萌条；嫁接 30 天后，接穗虽成活但生长势极弱，其叶面积不到正常值（正常生长树叶面积×全年生长期天数）的 1/10 时，萌条应保留，接穗全部死亡的应保留 2～3 个萌条。保留的萌条应尽量在接口附近部位的较高位置，以保护树干或在生长季再进行芽接或恢复树冠后再进行改接。

**2. 放风**　为保证成活率，可采取三步放风，避免放风过早或过晚影响成活率。第一步，在接后 20 天左右，接芽成活长至 0.5 厘米时，用剪子把薄膜袋剪一铅笔粗的小口，让接芽钻出；第二步，待接后 30 天左右，梢长 4 厘米，将保湿膜撕一小口，把枝梢引出膜外；第三步，新梢长 6 厘米以上时，把保湿膜撕开，反卷向下至接口外。

**3. 设立支柱**　当新稍长至 30 厘米左右时，要及时在接口处设立 1.5 米长的支柱，将新稍轻轻绑在支柱上，以防风折，随着新稍的加长要绑缚 2～3 次。

**4. 松绑**　接后 2～3 个月（6 月上旬到 7 月上旬），将捆绑绳松绑一次，否则会形成环缢环，影响接口加粗生长。8 月下旬可根据具体情况将绑缚物全部去掉。

**5. 定枝、疏果**　定枝的目的在于合理利用水分、养分，促进树体向有序方向发展，达到早整形、快成形。嫁接成活后接穗上主芽、副芽都要萌发，在很短的枝段上出现了太多的枝，要根据接穗成活后新稍的长势选留部分枝，疏掉多余枝。留下的枝一部分可提早摘心促进二次分枝，便于树冠伸展丰满，同时为第二年的整形修剪打下良好的基础，还可提高产量。如果接后不管，任其生长，则树形乱，第二年整形时左右为难。定枝时间在新稍长至20～30厘米进行。

早实核桃品种的接穗在成活当年都要开雌花，若接穗愈合好，新稍生长旺，雌花会自行脱落。如果生长弱则会坐果，应该及早疏掉或少保留果实，尽快恢复树势。否则会因结果多，消耗养分大，树势难以恢复，造成烂根，甚至整株死亡。

**6. 摘心** 为了充实发育枝，在8月底对全部新稍进行摘心。摘心长度3～5厘米。

**7. 加强肥水管理** 接穗成活后要灌水2～3次，叶片长出时，开始少量追肥，当新稍20～30厘米时要追施一次速效性氮肥，促进新稍生长。8月下旬追施磷钾肥，促进枝条生长充实。

**8. 高接树的修剪原则** 根据树体原有的基础随枝整形。改接后的前几年生长强旺，以轻剪缓放为主，以缓和树势。

**9. 病虫害防治及越冬防护** 接穗萌芽后，有金龟子和食芽象甲危害嫩芽，应及早喷药防治。

**10. 高接换种关键技术**

（1）接穗应采自优良品种的健壮发育枝。优良品种的丰产性能应达到或超过国家标准；坚果品质应达到国家标准中的优级或一级；抗逆性应适应当地的环境条件，特别是对某些限制性的环境因子具有较强的适应性。

（2）接穗应发育充实、芽子饱满、髓心较小、无病虫害，直径在1.2厘米以上；采集的接穗一定要保湿良好，嫁接前芽未萌动。应特别注意，接穗保鲜程度的好坏是影响嫁接成活的关键因素之一。

（3）砧木生长强壮，无严重病虫害；对于营养缺乏的"小老树"，应通过扩穴施肥，增强树势后再进行高接换优。

（4）高接部位可因树制宜，可在主干或主枝上进行单头单穗、单头双穗或多头多穗高接。嫁接部位的直径以 3～6 厘米为宜，最粗不超过 10 厘米，过粗不利于接口愈合。10 年以上树高接应根据砧木原有从属关系进行高接，接头数不应少于 10～15 个。

（5）"伤流"较严重时，为减少伤流，可在地面以上 20～30 厘米的树干上，螺旋状锯 2～3 个深达木质部 1 厘米左右的斜放水口，以避免或减少接口处伤流的发生。

（6）嫁接的适宜时期是在砧木萌芽前后的一段时间。高接方法以插皮舌接成活率最高。

# 第十章

# 核桃树的花果管理

## 第一节 核桃开花特性及授粉受精

### 一、核桃开花特性

核桃雌雄花期多不一致，称为"雌雄异熟性"。雌花先开的称为"雌先型"；雄花先开的称为"雄先型"；个别雌雄花同开的称为"雌雄同熟"。据观察，核桃雌先型比雄先型树雌花期早5～8天，雄花期晚5～6天；铁核桃主栽品种多为雄先型，雄花比雌花提早开放15天左右。不同品种间的雌雄花期大多能较好地吻合，可相互授粉。雌雄异熟是异花授粉植物的有利特性。核桃植株的雌雄异熟乃是稳定的生物学性状，尽管花期可依当年的气候条件变化而有差异，然而异熟顺序性未发现有改变；同一品种的雌雄异熟性在不同生态条件下亦表现比较稳定。

雌雄异熟性决定了核桃栽培中配置授粉树的重要性。雌雄花期先后与坐果率、产量及坚果整齐度等性状的优劣无关，然而在果实成熟期方面存在明显的差异，雌先型品种较雄先型早成熟3～5天。

早实核桃具有二次开花的特性。二次花雌、雄花多呈穗状花序。二次花的类型多种多样，有单性花序的，也有雌雄同序，花序轴下部着生数朵雌花，上部为雄花的，个别尚有雌雄同花的。

## 二、核桃树的授粉受精

核桃是风媒花。核桃花粉粒中等大小，直径约 43.2 微米×54.6 微米，可随风飘移。据欧美文献记载，一些核桃品种的花粉飞翔力很强，距树体 160 米处还能收集到花粉。河北农业大学的观察表明，核桃花粉的飞散量及飞散距离与风速有关，在一定距离内，随风速增大飞散量增加；在一定风速下，其花粉飞散量又随距离增加而减少。在无授粉树或距授粉树超过 100 米时，应辅以人工授粉。人工授粉应注意保持花粉的活力。在自然状态下，核桃花粉的寿命大约只有 2~3 天，在室温条件下可保持3~5 天。核桃花粉不耐低温和干燥，最适宜的保存温度为 3℃，可保存 30 天以上。相对湿度越大，花粉生活力下降越缓慢，故不宜在干燥条件下贮藏。铁核桃花粉在 4℃恒温下贮藏 45 天，仍有 1.5％花粉发芽。

核桃雌花系单胚珠，花粉萌发后只有极少数花粉管到达胚珠，过量的花粉既非必需，又易引起柱头失水，不利于花粉萌发。授粉适期以柱头呈眉状展开并有黏液分泌时为宜。落到柱头上的花粉，一般只有几粒萌发。萌发的花粉管在柱头表面伸长中遇到乳突细胞的胞间隙即穿入其中，并沿细胞的胞间隙下伸，直达子房室的顶部，伸入子房腔，沿珠被的外表皮下伸到幼嫩膈膜顶端，再穿入膈膜长至合点区，此时方向改变为向上生长，穿过珠心到达胚囊。研究表明，雌蕊中钙的分布状况是诱导花粉管定向生长的原因之一，营养供应和结构上的作用亦很明显，也可能尚有未弄清的向化性源。核桃花粉管由柱头到达胚囊的时间约在授粉后 4 天左右。核桃是双受精，即花粉管释放出 2 个精子，分别趋向卵和中央核，然后完成受精过程。

核桃和铁核桃均具有一定的孤雌生殖能力。常有无授粉条件的孤树，每年也能结果，其坚果也具有成熟的种胚。河北农业大

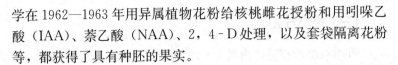

学在 1962—1963 年用异属植物花粉给核桃雌花授粉和用吲哚乙酸（IAA）、萘乙酸（NAA）、2，4 - D 处理，以及套袋隔离花粉等，都获得了具有种胚的果实。

# 三、人工辅助授粉

核桃属于异花授粉核桃，虽也存在着自花结实现象，但坐果率较低；核桃存在着雌、雄花期不一致的现象，且为风媒花，自然授粉受各种条件限制，致使每年坐果情况差别很大。幼树开始结果的第二至第三年只形成雌花，没有或很少有雄花，因而影响授粉和结果。为了提高坐果率，增加产量，可以进行人工辅助授粉。授粉应在核桃盛花初期到盛花期进行。

## （一）花粉采集

从健壮树上采集发育成熟，基部小花开始散粉的雄花序，放在通风干燥的室内摊开晾干，保持 16～20℃，待大部分雄花药开始散时，筛出花粉，装瓶待用。装瓶贮花粉必须注意通气、低温（2～5℃）条件，否则温度过高、密闭易发霉，授粉效果降低。为了适应大面积授粉的需要，可用淀粉将花粉加以稀释，同样可达到良好的效果。经试验，用 1：10 淀粉或滑石粉稀释花粉，授粉效果较好。

## （二）授粉适期

根据雌花开放特点，授粉最佳时期为柱头呈倒八字形张开，分泌黏液最多（一般 2～3 天）。待柱头反转或柱头变色、分泌物很少时，授粉效果显著降低。因此，掌握准确授粉时间很重要。因一株树上雌花期早晚相差 7～15 天。为提高坐果率，应进行两次授粉。

### （三）授粉方法

可用双层纱布袋，内装 1∶10 稀释花粉或刚散粉雌花序，在上风头进行人工抖动。也可配成花粉水悬液（花粉∶水＝1∶5 000）进行喷授，有条件的地方可在水中加入 10％蔗糖和0.02％的硼酸。还可结合叶面喷肥进行授粉。

## 四、疏雄花

核桃雄花数量大，远远超出授粉需要，可以疏除一部分雄花。雄花芽发育需要消耗大量水分、糖类、氨基酸等。尤其核桃花期，正值我国北方干旱季节，水分往往成为生殖活动的限制因子，而雄花芽又位于雌花芽的下部，处于争夺水分和养分的有利位置，大量雄花芽的发育势必影响结果枝雌花发育。提早疏除过量的雄花芽，可节省树体大量水分和养分，有利当年雌花发育，提高当年坚果产量和品质，同时也有利于新梢生长和花芽分化。

### （一）疏雄时期

原则上以早疏为宜，一般在雄花芽未萌动前 20 天内进行，雄花芽开始膨大时，为疏雄的最佳时期。因为休眠期雄芽比较牢固，操作麻烦，雄花序伸长时，已经消耗营养，对树不利。

### （二）疏雄数量

一般情况下，树上雌花序与雄花序之比为 1∶5±1，每个雄花序有雄花 117±4 个。雌花序与雄花（小花）数之比为 1∶600。若疏去 90％～95％的雄花序，雌花序与雄花之比仍可达1∶30～1∶60，完全可以满足授粉的需要。但雄花芽很少的植株和刚结果幼树，可以不疏雄。

# 第二节 核桃结果特性及合理负荷

## 一、核桃的结果特性

不同类型和品种的核桃树开始结果年龄不同，早实核桃 2～3 年，晚实核桃 8～10 年开始结果。初结果树，先形成雌花，2～3 年后才出现雄花。成年树雄花量多于雌花几倍、几十倍，以至因雄花过多而影响产量。

早实核桃树各种长度的当年生枝，只要生长健壮，都能形成混合芽。晚实核桃树生长旺盛的长枝，当年都不易形成混合芽，形成混合芽的枝条长度一般在 5～30 厘米。

成年树以健壮的中、短结果母枝坐果率最高。在同一结果母枝上以顶芽及其以下 1～2 个腋花芽结果最好。坐果的多少与品种特性、营养状况、所处部位的光照条件有关。一般一个果序可结 1～2 果，也可着生 3 果或多果。着生于树冠外围的结果枝结果好，光照条件好的内膛结果枝也能结果。健壮的结果枝在结果的当年还可形成混合芽，坐果枝中有 96.2% 于当年继续形成混合芽，而弱果枝中能形成混合芽的只占 30.2%，说明核桃结果枝具有连续结实能力。核桃喜光与合轴分枝的习性有关，随树龄增长，结果部位迅速外移，果实产量集中于树冠表层。早实核桃二次雌花一般也能结果，所结果实多呈 1 序多果穗状排列。二次果较小，但能成熟并具发芽成苗能力，苗木的生长状况同一次果的苗无差异，且能表现出早实特性，所结果实体形大小也正常。

## 二、核桃果实的发育

核桃雌花受粉后第一至第五天合子开始分裂，经多次分裂形成鱼雷形胚后即迅速分化出胚轴、胚根、子叶和胚芽。胚乳的发育先于合子分裂，但随着胚的发育，胚乳细胞均被吸收，故核桃成熟种子无胚乳。核桃从受精到坚果成熟需 130 天左右。据罗秀钧等（1988）的观察，依果实体积、重量增长及脂肪形成，将核桃果实发育过程分为 4 个时期。

### （一）果实速长期

5 月初至 6 月初，约 30～35 天，为果实迅速生长期。此期间果实的体积和重量均迅速增加，体积达到成熟时的 90％以上，重量达 70％左右。5 月 7～17 日纵、横径平均日增长可达 1.3 毫米；5 月 12～22 日重量平均日增长 2.2 克。随着果实体积的迅速增长，胚囊不断扩大，核壳逐渐形成，白色质嫩。

### （二）硬核期

6 月初至 7 月初，约 35 天左右，核壳自顶端向基部逐渐硬化，种核内膈膜和褶壁的弹性及硬度逐渐增加，壳面呈现刻纹，硬度加大，核仁逐渐呈白色，脆嫩。果实大小基本定型，营养物质迅速积累，6 月 11 日至 7 月 1 日 20 天内出仁率由 13.7％增加到 24.0％，脂肪含量由 6.91％增加到 29.24％。

### （三）油脂迅速转化期

7 月上旬至 8 月下旬，约 50～55 天，果实大小定型后，重量仍有增加，核仁不断充实饱满，出仁率由 24.1％增加到 46.8％，核仁含水率由 6.20％下降到 2.95％，脂肪含量由 29.24％增加到 63.09％，核仁风味由甜变香。

### （四）果实成熟期

8 月下旬至 9 月上旬，果实重量略有增长，总苞（青皮）颜色由绿变黄，表面光亮无茸毛，部分总苞出现裂口，坚果容易剥

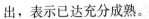

出，表示已达充分成熟。

采收早晚对核桃坚果品质有很大影响，过早采收，严重降低坚果产量和种仁品质。

核桃落花落果比较严重。一般可达 $50\%\sim60\%$，严重者达 $80\%\sim90\%$。落花多在末花期，花后 $10\sim15$ 天，幼果长到 1 厘米左右时开始落果，果径 2 厘米左右时达到高峰，到硬核期基本停止。侧生果枝落果通常多于顶生果枝。

## 三、疏花疏果及合理负荷

早实核桃以侧花芽结果为主，雌花量较大，到盛果期后，为保证树体营养生长与生殖生长相对平衡，保持优质高产稳产，必须疏除过多的幼果，否则会因结果太多造成果个变小，品质变差，严重时导致树势衰弱，枝条大量干枯死亡。

### （一）疏果时间

可在生理落果后，一般在雌花受精后 $20\sim30$ 天，即子房发育到 $1\sim1.5$ 厘米时进行。疏果量依树势状况和栽培条件而定，一般以 1 平方米树冠投影面积保留 $60\sim100$ 个果实为宜。

### （二）疏果方法

先疏除弱枝或细弱枝上的幼果，也可连同弱枝一同剪掉；每个花序有 3 个以上幼果，视结果枝的强弱，可保留 $2\sim3$ 个，坐果部位在冠内要分布均匀，郁闭内膛可多疏。应特别注意，疏果仅限于坐果率高的早实核桃品种。

## 四、防止落花落果的对策

花期喷硼酸、稀土和赤霉素，可显著提高核桃树的坐果率。

据山西林业科学研究所 1991—1992 年进行多因子综合试验，认为盛花期喷赤霉素、硼酸、稀土的最佳浓度分别为 54 克/千克、125 克/千克、475 克/千克。另外，花期喷 0.5％尿素、0.3％磷酸二氢钾 2～3 次能改善树体养分状况，促进坐果。

# 第十一章
# 核桃的采收与包装

## 第一节 果实成熟的特征及采收期的确定

### 一、核桃果实成熟的特征

核桃果实成熟期因品种和气候条件不同而不同。早熟与晚熟品种（类型）之间成熟期可相差 10～25 天。北方产区所栽培的品种成熟期多在 9 月上旬至 9 月中旬；早熟品种（类型）最早在 8 月上旬即已成熟。同一品种在不同地区的成熟期并不相同。在同一地区内，平原区较山区成熟早，阳坡较阴坡成熟早，干旱年份较多雨年份成熟早。

核桃需要达到完全成熟方可采收。采收过早青，果皮不易剥离，种仁不饱满，出仁率与含油率低，风味不佳，且不耐贮藏；过迟则造成落果，果实落在地上未及时检拾，容易引起霉烂。因此，适时采收非常重要。一般情况下，核桃果实成熟时总苞（果皮）颜色由深绿色或绿色渐变为黄绿或淡黄色，茸毛稀少，部分果实顶部出现裂缝，青果皮容易剥离，种仁肥厚，幼胚成熟，风味香。以核桃果实形态特征作为果实成熟的标志具有可靠性。

### 二、果实成熟期内含物的变化

核桃从雌花受粉、子房膨大到果实成熟约需 130 天时间，其中最初的 30～35 天，果实体积迅速增大期，此期间果实体积达到总体积的 90％以上。经过 110 天左右即进入果实成熟前期，熟前果实大小无大的变化，但其重量仍在继续增加，直到成熟。通过对不同采收期与核桃产量和品质影响的研究认为，果实成熟前，随着采收时间推迟，出仁率和脂肪含量均呈递增变化。从 8 月中旬至 9 月中旬一个月内，出仁率平均每天增加 1.8％，脂肪增加 0.97％；成熟前 15 天内，出仁率平均每天增加 1.45％，脂肪增加 1.05％；成熟前 5 天内，出仁率平均每天增加 1.14％，脂肪增加 1.63％。出仁率在前期比后期增加快，脂肪则相反。8 月中下旬出仁率增加最快，8 月 15～25 日 10 天内，平均每天增加 2.13％。当前，我国核桃早采的现象相当普遍，且日趋严重。有的地方 8 月初就采收核桃，从而成为影响核桃产量和降低果实品质的重要原因之一，应该引起足够的重视。

## 三、适时采收的意义

核桃果实须达到完全成熟才可采收。过早采收，青果皮不易剥离，种仁不饱满，出仁率与含油率低，风味不佳，且不耐贮藏；提前 10 天以上采收时，坚果和核仁的产量分别降低 12％及 34％以上，脂肪含量降低 10％以上。过晚则造成落果，果实落在地上不及时检拾，核仁颜色变深，也容易遭霉菌的侵害引起霉烂。因此，适时采收是生产优质核桃，获得高效益的重要措施。

## 四、采收期确定

### （一）核桃果实成熟期

核桃为核果类，其可食部分为核仁，故成熟期与桃、杏等不同，包括青果皮及核仁两个部分的成熟过程。青果皮成熟时，由深绿色或绿色变为黄绿色或淡黄色，茸毛稀少，果实顶部出现裂

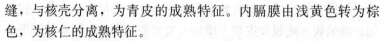

缝，与核壳分离，为青皮的成熟特征。内膈膜由浅黄色转为棕色，为核仁的成熟特征。

核桃果实成熟期因品种和气候不同而异，早熟品种与晚熟品种成熟期可相差半月以上。气候及土壤水分状况对核桃成熟期影响也很大。初秋气候温和，夜间冷凉而土壤湿润，青果皮与核仁的成熟期趋向一致；而当气温高，土壤干旱时，核仁成熟早而青果皮成熟则推迟，最多可相差几周。一般地说，北方地区的成熟期在 8 月上月上旬至中旬，南方相对早些。同一地区内的成熟期也不同，平原较山区成熟早，低山区比高山区成熟早，阳坡较阴坡成熟早，干旱年份比阴雨年份成熟早。目前，生产中采收多数偏早，应予以注意。

### （二）采收适期

核仁成熟期为采收适期。一般认为 80％的坚果果柄处已经形成离层，且其中部分果实顶部出现裂缝，青果皮容易剥离时期为适宜采收期。

# 第二节　果实采收与处理

## 一、采收方法

目前，我国采收核桃的方法是人工采收。人工采收法是在核桃成熟时，用带弹性的长木杆或竹竿敲击果实。敲打时应该自上而下，从内向外顺枝进行。如由外向内敲打，容易损失枝芽，影响来年产量。也可在采收前半月喷 1～2 次浓度为 0.05％的乙烯利，可有效促使青果皮成熟，大大节省采果及脱青皮的劳动力，也提高了坚果品质。

喷洒乙烯利必须使药液遍布全树冠，接触到所有的果实，才能取得良好的效果。使用乙烯利会引起轻度叶子变黄或少量落叶，仍属正常反应。但树势衰弱的树会发生大量落叶，故不宜采用。随采收、随脱青皮和干燥是至关紧要的措施。振落的坚果留在园地会很快变质（核仁颜色），尤以采收后 9 小时内变质最快。核桃在阳光下气温超过 37.8℃时，核仁颜色变深。在炎日下采收时，更需加快检拾、脱青皮和干燥。雨季不能及时干燥时，将坚果留在树上为好。尽管树上的坚果也直接曝晒在阳光下，但仍比地面温度低，达到损害核仁的临界高温的机率比地面低。此外，留在地面的核桃易发霉变质，留在地面时间过长时，还会影响壳的颜色，以至影响带壳销售的经济价值。

# 二、果实采收后的处理

## （一）脱青皮

人工打落采收的核桃，70％以上的坚果带青果皮，故一旦开始采收，必须随采收随脱青皮和干燥，这是保证坚果品质优良的重要措施。带有青皮的核桃，由于青皮具有绝热和防止水分散失的性能，使坚果热量积累，当气温在 37℃以上时，核仁很容易达到 40℃以上而受高温危害，在炎日下采收时，更须加快检拾。

**1. 堆沤脱皮法** 收回的青果应随即在阴凉处脱去青皮，青皮未离皮时，可在阴凉处堆放，切忌在阳光下曝晒，然后按 50 厘米左右的厚度堆成堆。若在果堆上加一层 10 厘米厚的干草或干树叶，可提高堆内温度，促进果实后熟，加快脱皮速度。一般堆沤 7 天左右，当青果皮离壳或开裂达到 50％以上时，可用棍敲击脱皮。切勿使青皮变黑甚至腐烂。

**2. 乙烯利脱皮法** 果实采收后，在浓度为 0.3％～0.5％乙烯利溶液中浸蘸约 30 秒，再按 50 厘米左右的厚度堆在阴凉处或室内，在温度为 30℃、相对湿度 80％～90％的条件下，经 3～5 天左右，离皮率达 95％以上。若果上加盖一层厚 10 厘米左右的干草，2 天左右即可离皮。此法不仅时间短、工效高，而且还能

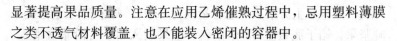

显著提高果品质量。注意在应用乙烯催熟过程中，忌用塑料薄膜之类不透气材料覆盖，也不能装入密闭的容器中。

### （二）坚果漂洗

坚果脱去青皮后，随即用清水洗去坚果表面上残留的烂皮、泥土及其他污染物，然后晾晒。尽量避免药物漂洗。很多带壳销售者，喜欢用漂白粉液漂白。以1千克漂白粉溶解在约64克温水内，充分溶解后，滤去沉渣，得饱和液，饱和液可以1∶10的比例用清水稀释后用作漂白液。漂白时，将刚脱青皮的核桃先用水清洗一遍后，倒入漂白液内，随时搅动，浸泡8～10分钟，待壳显黄白色时，捞出用清水洗净漂白液，再进行干燥，漂白容器以瓷制品为好，不可用铁木制品。

### （三）坚果干燥方法

**1. 晒干法** 北方地区秋季天气晴朗、凉爽，多采用此法。漂洗后的干净坚果不能立即放在日光下曝晒，应先摊放在竹箔或高粱箔上晾半天左右，待大部分水分蒸发后再摊晒。湿核桃在日光下曝晒会使核壳翘裂，影响坚果品质。晾晒时，坚果厚度以不超过两层果为宜。晾晒过程中要经常翻动，以达到干燥均匀、色泽一致，一般经过10天左右即可晾干。

**2. 烘干法** 在多雨潮湿地区，可在干燥室内将核桃摊在架子上，然后在屋内用火炉子烘干。干燥室要通风，炉火不宜过旺，室内温度不宜超过40℃。

**3. 热风干燥法** 用鼓风机将干热风吹入干燥箱内，使箱内堆放的核桃很快干燥。鼓入热风的温度以40℃为宜。温度过高会使核仁内脂肪变质，当时不易发现，贮藏几周后即腐败不能食用。

美国热风干燥有3种型式，即敞开箱式、环流箱式和旋转滚筒式。30年代后期，棕色的多层式干燥机较为流行，目前普遍采用固定箱式、吊箱式或拖车式。固定箱式由若干个相隔的箱子组成。坚果从上方灌入，总容量约为 25 吨，每个箱内约放 1~5 吨坚果。箱子底板呈 35°角倾斜，坚果放入时，可沿箱底滑入。箱深 6~8 英尺。加热至 43.3℃的热风，以 70~120 立方英尺/分的速率吹过核桃堆。箱子底部有一活门，干燥的核桃由活门落到传送带上，送入运输车或货箱内。

箱式干燥设备包括若干个吊箱，高 5~6 英尺，底板有筛孔。吊箱架在地下通风室的上方。热风的温度 43.3℃和速率，与固定箱式一致。干燥后的核桃倒入货箱或卡车内运吊走。

拖车式干燥房的热风温度、风速也与上述类型一致。但坚果装载在有 4 个轮子的拖车内，拖车深 5~6 英尺，可装核桃 5~10 吨，车底有筛板覆盖的通风装置，直接穿入坚果堆。干燥后的坚果直接在拖车内被运至加工厂。

**4. 坚果干燥的指标**　坚果相互碰撞时，声音脆响，砸开检查时，横膈膜极易折断，核仁酥脆。在常温下，相对湿度 60％的坚果平均含水量为 8％，核仁约 4％，便达到干燥标准。

# 第三节　分级与包装

## 一、核桃坚果质量分级标准

核桃坚果分级是以坚果大小、出仁率、取仁难易度、空壳率、种仁饱满度、脂肪含量、蛋白质含量等为依据的（表 11-1）。

### （一）基本要求

坚果充分成熟，壳面洁净，缝合线紧密，无露仁、虫蛀、出油、霉变、异味果，无杂质，未经有害化学漂白处理。

### （二）感官指标

坚果大小、形状基本一致，外壳颜色自然正常，种仁饱满、

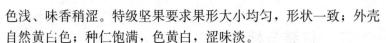

色浅、味香稍涩。特级坚果要求果形大小均匀，形状一致；外壳自然黄白色；种仁饱满，色黄白，涩味淡。

### （三）物理指标

横径大于 26.0 毫米，平均单果重大于 8.0 克，出仁率大于 38.0%，空壳率小于 3.0%，破损率小于 3.0%，黑斑果率小于 3.0%，含水率小于 8.0%。

### （四）化学指标

脂肪含量大于 60.0%，蛋白质含量大于 10.0%。

表 11-1 核桃坚果质量分级指标（GB/T20398—2006）

| 项 目 | | 特级 | Ⅰ级 | Ⅱ级 | Ⅲ级 |
|---|---|---|---|---|---|
| 基本要求 | | 坚果充分成熟，壳面洁净，缝合线紧密，无露仁、虫蛀、出油、霉变、异味果，无杂质，未经有害化学漂泊处理 | | | |
| 感官指标 | 果形 | 大小均匀，形状一致 | 基本一致 | 基本一致 | |
| | 外壳 | 自然黄白色 | 自然黄白色 | 自然黄白色 | 自然黄白色或黄褐色 |
| | 种仁 | 饱满，色黄白，涩味淡 | 饱满，色黄白，涩味淡 | 饱满，色黄白，涩味淡 | 较饱满，色黄白或浅琥珀色，稍涩 |
| 物理指标 | 横径（毫米） | ≥30.0 | ≥30.0 | ≥28.0 | ≥26.0 |
| | 平均果重（克） | ≥12.0 | ≥12.0 | ≥10.0 | ≥8.0 |
| | 取仁难易度 | 易取整仁 | 易取整仁 | 易取半仁 | 易取1/4仁 |
| | 出仁率（%） | ≥53.0 | ≥48.0 | ≥43.0 | ≥38.0 |
| | 空壳果率（%） | ≤1.0 | ≤2.0 | ≤2.0 | ≤3.0 |
| | 破损果率（%） | ≤0.1 | ≤0.1 | ≤0.2 | ≤0.3 |
| | 黑斑果率（%） | 0 | ≤0.1 | ≤0.2 | ≤0.3 |
| | 含水率（%） | ≤8.0 | ≤8.0 | ≤8.0 | ≤8.0 |
| 化学指标 | 脂肪含量（%） | ≥65.0 | ≥65.0 | ≥60.0 | ≥60.0 |
| | 蛋白质含量（%） | ≥14.0 | ≥14.0 | ≥12.0 | ≥10.0 |

## 二、包装与标志

核桃坚果一般应用麻袋包装，麻袋要求结实、干燥、完整、整洁卫生、无毒、无污染、无异味。壳厚小于1毫米的核桃坚果可用纸箱包装。麻袋包装袋上应挂卡片，纸箱上要贴标签，均应标明品名、品种、等级、净重、产地、生产单位名称和通信地址、批次、采收年份、封装人员代号等。出口商品也可根据客商要求，每袋装45千克左右，包口用针线缝严，并在袋左上角标注批号。目前，随着人们生活水平的提高，核桃坚果包装档次也在不断升级，主要有小数量的礼品盒式网袋装、塑筐装等。

# 第四节　贮藏与运输

## 一、坚果贮藏要求

核仁含油脂量高达63%～74%，而其中90%以上为不饱和脂肪酸，有70%左右为亚油酸及亚麻酸，这些不饱和脂肪酸极易氧化酸败，俗称变哈。核桃及核仁种皮的理化性质对抗氧化有重要作用。一是隔离空气，二是内含类抗氧化剂的化合物，但核壳及核仁种皮的保护作用是有限的，而且在抗氧化过程中种皮的单宁物质因氧化而变深，影响外观，但不影响核仁的风味。低温及低氧环境是贮藏好核桃的重要条件。

## 二、坚果贮藏方法

核桃坚果贮藏因贮藏量与贮藏时间而异。贮藏数量不大，时间要求较长，可采用聚乙烯袋包装，在冰箱内0～5℃条件下，贮藏2年以上品质仍然良好。如果贮藏时间不超过次年夏季，可

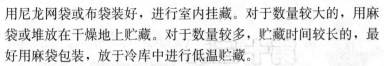

用尼龙网袋或布袋装好，进行室内挂藏。对于数量较大的，用麻袋或堆放在干燥地上贮藏。对于数量较多，贮藏时间较长的，最好用麻袋包装，放于冷库中进行低温贮藏。

北方冬季气温低，空气干燥，秋季入袋的核桃，不需立即密封，待翌年2月下旬气温逐渐回升时再进行密封。密封时应选择低温、干燥的天气进行，使帐内空气湿度不高于 50%～60%，以防密封后腐变。采用塑料袋密封黑暗贮藏，可有效降低种皮氧化反应，抑制酸败，在室温25℃以下可贮藏1年。

尽可能带壳贮藏核桃，如要贮藏核仁，核仁因破碎而极易氧化，故应用塑料袋密封，在1℃左右的冷库内贮藏，保藏期可达2年。低温与黑暗环境可有效抑制核仁酸败。

贮藏核桃时常发生鼠害和虫害。一般可用溴甲烷（40克/米$^3$）熏蒸库房 3.5～10 小时，或用二硫化碳（40.5克/米$^3$）密闭封存 18～24 小时，防治效果显著。

# 核桃病虫害防治

## 第一节　植物检疫的意义、作用及主要措施

### 一、植物检疫的意义

由于受地理条件的限制，如高山、海洋等，植物病、虫、杂草的传播距离有限，而人为的传播就不受以上条件的限制。特别是由于近代交通事业的发展，种苗和农产品的交流频繁，更增加了危害性病、虫、杂草的传播机会，给农林生产造成严重的威胁。许多危险性病害一旦传入新的地区，尚若遇到适宜其发生和流行的气候和其他条件，往往招致较原产地更大的危害。这是由于新疫区的植物往往对新传入的病害没有抗力所致。因此，通过植物检疫，防止危险性病、虫、杂草的远距离传播，对于保护农林生产具有很大的重要性。

植物检疫是必须履行的国际义务，对保障农产品出口和对外贸易的信誉，具有重要的政治和经济意义。

### 二、植物检疫的主要任务

植物检疫工作是国家保护农业生产的重要措施，它是由国家颁布条例和法令，对植物及其产品特别是苗木、接穗、插条、种

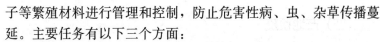

子等繁殖材料进行管理和控制，防止危害性病、虫、杂草传播蔓延。主要任务有以下三个方面：

（1）禁止危险性病、虫、杂草随植物或其产品由国外输入和国内输入；

（2）将在国内局部地区已发生的危险性病、虫、杂草封锁在一定的范围内，不让它传播到尚未发生的地区，并且采取各种措施逐步将其消灭；

（3）当危险性病、虫、杂草传入新区时，采取紧急措施，就地彻底肃清。

## 三、植物检疫的措施

### （一）禁止进境

针对危险性极大的有害生物，严格禁止可传带该有害生物的活植物、种子、无性繁殖材料和植物产品进境。土壤可传带多种危险性病原物，也被禁止进境。

### （二）限制进境

提出允许进境的条件，要求出具检疫证书，说明进境植物和植物产品不带有规定的有害生物，其生产、检疫检验和除害处理状况符合进境条件。此外，还常限制进境时间、地点，进境植物种类及数量等。

### （三）调运检疫

对于在国家间和国内不同地区间调运的应行检疫的植物、植物产品、包装材料和运载工具等，在指定的地点和场所（包括码头、车站、机场、公路、市场、仓库等）由检疫人员进行检疫检验和处理。凡检疫合格的签发检疫证书，准予调运，不合格的必须进行除害处理或退货。

### （四）产地检疫

种子、无性繁殖材料在其原产地，农产品在其产地或加工地实施检疫和处理。这是国际和国内检疫中最重要和最有效的一项措施。

### （五）国外引种检疫

引进种子、苗木或其他繁殖材料，事先需经审批同意，检疫机构提出具体检疫要求，限制引进数量，引进后除施行常规检疫外，尚必须在特定的隔离苗圃中试种。

### （六）旅客携带物、邮寄和托运物检疫

国际旅客进境时携带的植物和植物产品需按规定进行检疫。国际和国内通过邮政、民航、铁路和交通运输部门邮寄、托运的种子、苗木等植物繁殖材料以及应施检疫的植物和植物产品等需按规定进行检疫。

### （七）紧急防治

对新侵入和定核的病原物与其他有害生物，必须利用一切有效的防治手段，尽快扑灭。我国国内植物检疫规定已发生检疫对象的局部地区，可由行政部门按法定程序创为疫区，采取封锁、扑灭措施。还可将未发生检疫对象的地区依法划定为保护区，采取严格保护措施，防止检疫对象传入。

# 第二节　核桃病虫害的农业防治

农业防治是在认识病虫、果树和环境三者之间相互关系的基础上，采用合理的农业栽培措施，有目的地创造有利于果树生长发育的环境条件，提高果树的抗病能力；同时，创造不利于病虫

害活动、繁殖的环境条件，或是直接消灭病虫害，从而控制病虫害发生的程度，能取得化学防治所不及的效果。

## 一、培养无病苗木

有些果树病害是随着苗木、接穗、插条、根蘖、种子等繁殖材料而扩大传播的。对于这类病害的防治，必须把培养无病的苗木作为一项十分重要的措施。因此，使用无病苗木和接穗就显得十分重要，尤其在新建果园时，对无病苗木的选择尤为重要。必须严格禁止采用带毒接穗，同时应该加强果树病毒病技术的研究，为繁殖材料带毒情况的鉴定提供简便易行的方法。

## 二、做好果园卫生

果园卫生包括清除病株残余，深耕除草、砍除转主寄主等措施。其主要目的在于及时消灭和减少初侵染及再侵染的病菌来源。对多年生核桃来说，果园病原物的逐年积累，对病害的发生和流行起着更重要的作用。因此，搞好果园卫生，就有很明显的防治效果。

## 三、合理修剪

修剪是核桃管理工作中的重要措施，也是病害防治的主要措施之一。合理修剪，可以调整树体的营养分配，促进树体的生长发育，调节结果量，改善通风透光条件，增强树体的抗病能力，起到防治病害的良好作用。

此外，结合修剪还可以去掉病枝、病梢、病蔓、病芽和僵果等，减少病源的数量。但是，修剪造成的伤口是许多病菌的侵入门户，修剪不当也会造成树势衰弱，有可能加重某些病害的发病程度。因此，在修剪过程中，应结合防治病害的要求，采用适当的修剪方法，同时对修剪伤口进行适当的保护和处理。

## 四、合理施肥和排灌

加强水肥管理，可以提高核桃的营养状况，提高抗病能力，起到壮树防病的作用。对于缺素症的核桃，有针对性地增加肥料和微量元素，可以抑制病害的发展，促使树体恢复正常。

果园的水分状况和排灌制度也影响病害的发生和发展。南方果区的一些病害如根腐病等，在果园积水的条件下发病严重，改漫灌为沟灌并适当控制灌水，及时排除积水，翻耕根围土壤，可以大大减轻其危害。病菌可以随水传播，灌水时应注意水流方向。在北方果区，核桃进入休眠前若灌水过多，则枝条柔嫩，树体充水，严冬易受冻害，加重了枝干病害等的发生。适当增施磷、钾肥和微量元素，具有提高核桃抗病能力的效果。多施有机肥料，可以改善土壤，促进根系发育，提高植株的抗病性。

## 五、适期采收和合理贮运脱青皮

果实收获和贮运脱青皮是一项十分重要的工作，也是病害防治中必须重视的环节。果实采收不仅和坚果的产量及品质有关，而且采收是否适时，采收过程中和贮运脱青皮过程中造成的伤口多寡，以及贮运脱青皮期间温度、湿度条件等，都直接影响贮运脱青皮期间病害的发生和危害程度。

选育和利用抗病品种是防治核桃病害的重要途径之一。不同的树种和品种对病害的抗性不同，利用抗病品种可达到防治病害的目的。同时，通过各种育种手段培育新的抗病品种，也是防治病害的重要方法。

# 第三节　核桃病虫害的生物防治

生物防治是利用有益生物和其他生物来抑制或消灭有害生物的一种防治方法。它的最大优点是不污染环境，是农药等非生物防治病虫害方法所不能比的。利用自然界捕食性或寄生性天敌，联合对植食性害虫进行捕杀，减少了农药使用次数，降低了农药污染，农业生态环境大为改善，降低了防治成本，对无公害果品的生产有十分重要的意义。因为防治效果好，且不污染环境，因此具有广阔的应用前景。在生物防治中有可能加以利用的有拮抗作用和交叉保护作用等。

## 一、拮抗作用及其利用

一种生物的存在和发展，限制了另一种生物的存在和发展的现象，称为拮抗作用。这种作用在微生物之间、广泛存在，在高等生物间、高等生物和微生物间也广泛存在。拮抗作用的机制比较复杂，主要有抗生作用、寄生作用和竞争作用等。一种生物的代谢产物能够杀死或抑制其他生物的现象称为抗生现象。具有抗生作用的微生物称为抗生菌，这些抗生菌主要来源于放线菌、真菌和细菌。对植物病原物有寄生作用的微生物很多，如噬菌体对细菌的寄生，病毒、细菌对真菌的寄生等，寄生作用在生物防治中的应用正日益广泛。在枝、干、根、叶、果、花的表面及周围的微生物区系中，除直接作用于病原物并具有抗生作用或寄生作用的微生物之外，还有一些同病原物进行阵地竞争或营养竞争的微生物，这些微生物的大量繁殖，往往可以防止或减轻病害的发生。利用这些微生物的方法很多，主要有两类：

**1. 直接使用**　把人工培养的拮抗微生物直接施入土壤或喷洒在织物表面，可以改变根围、叶围或其他部位的微生物组成，建立拮抗微生物的优势，从而达到控制病原物的目的。

**2. 促进繁殖** 在植物的各个部位几乎都有拮抗微生物的存在，创造一些对其有利的环境条件，可以促使其大量繁殖，形成优势种群，达到防治病害的目的。例如多施有机肥，会促进鳄梨根腐病菌的多种抗生菌的增殖，大大减轻该病的危害。在土壤中施入二氧化硫、甲基溴化物等化学物质，可以刺激木霉的增殖，杀死或抑制根朽病菌。此外，把拮抗微生物与其适宜的基物混合在一起施入土壤，可以帮助拮抗微生物建立优势，起到防治病害的作用。

## 二、交叉保护现象及其利用

在寄主植物上接种低致病力的病原物或无致病力的微生物后，诱导寄主增强其抗病力，甚至可保护寄主不受侵染，这种现象称为交叉保护。例如番茄花叶病防治，播种 20~30 天或在番茄有 3~4 片真叶时，接种无致病力的弱病毒株系，有良好的防治效果。

生物防治是病害防治中的一个新领域，有广阔的发展前景。除上述使用途径外，新近的研究还发现了一些新的途径，如某些生防因子与某些化学药剂混合使用可发生协同作用。如果把生物防治和化学防治相结合，对病害进行综合防治，可以大大提高防治效果。

## 第四节 核桃病虫害的化学防治

利用化学农药直接杀死病菌和害虫的方法叫做化学防治。化学防治见效快、效率高、受区域限制较小，特别是对大面积、突发性病虫害可于短期迅速控制。但长期施一种药，易引致病虫的抗药性增加、害虫的再次猖獗和次要害虫上升，以及农药残留污

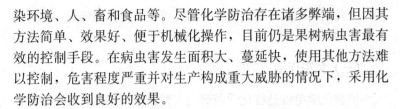

染环境、人、畜和食品等。尽管化学防治存在诸多弊端，但因其方法简单、效果好、便于机械化操作，目前仍是果树病虫害最有效的控制手段。在病虫害发生面积大、蔓延快，使用其他方法难以控制，危害程度严重并对生产构成重大威胁的情况下，采用化学防治会收到良好的效果。

# 一、化学防治的原理

对病原生物有直接或间接毒害作用的化学物质统称杀菌剂。使用杀菌剂杀死或抑制病原生物，对未发病的果树进行保护或对已发病果树进行治疗，防止或减轻病害造成损失的方法称为化学防治。在核桃树病害的化学防治中，药剂种类繁多，其作用机制也较复杂，但其防治原理基本分为 4 种。

## （一）保护作用

在病原物侵入寄主以前，使用化学药剂保护果树或周围环境，杀死或阻止和病原生物侵入，从而起到防治病害的作用，成为化学保护作用。施在植物表面，保护其不受侵染的药剂叫做保护剂，保护剂不能进入植物体内，对已经侵入的病原物无效。为此，保护剂应在病原物侵入之前使用，洒布时做到均匀、周到。

在核桃树休眠期，使用药剂杀死或抑制在果树上及周围环境中潜藏的病原物，消除侵染来源，也是一种保护作用，为此而使用的药剂称为铲除剂。铲除剂杀菌力强，但易造成药害，因此要在休眠期使用或施在果树的周围环境中，不能与果树直接接触。

## （二）治疗作用

当病原物已经侵入植物或植物已经发病时，使用化学药剂处理植物，使体内的病原物被杀死或受到抑制，或改变病原物的致病过程，或增强寄主的抗病能力，称为化学治疗作用。用作化学治疗的药剂，一般具有内吸性，而且可在植物体内传导，称为内吸治疗剂。

### （三）免疫作用

植物化学免疫是将化学药剂引入健康植物体内，以增强植株对病原物的抵抗力，从而起到限制或消除病原物侵染的作用。如用乙硫氨酸或较高浓度的植物生长素处理植物，能促使细胞壁的组分与钙桥牢固交联，使细胞壁的中胶层不易分解，可减轻各种腐烂病的症状。

### （四）钝化作用

某些化学物质如金属盐、氨基酸、维生素、植物生长素、抗菌剂等进入植物体内后，能影响病毒的生理活性，起到钝化病毒的作用。病毒被钝化后，侵染力和繁殖力降低，危害性也减轻。有时钝化作用也可通过药剂对寄主植物细胞的生理达到效果。

## 二、化学防治的方法

在核桃病害的化学防治中，最常使用的方法是喷雾，其次是种苗处理和土壤处理，在缺水的山区可以喷粉。

### （一）喷雾

可湿性粉剂、乳剂、水溶剂等农药都可加水稀释到一定浓度，用喷雾器械喷洒。加水稀释时要求药剂均匀分散在水内。喷雾时要求均匀，周到，使植物表面充分湿润。雾滴直径应在200微米左右，雾滴过大不但附着力差，容易流失，而且分布不均，覆盖面积小。

喷雾法的优点是施药量比喷粉法少，药效持久，防治效果较好。但工作效率比喷粉法低，并且需要一定的水源，在干旱缺水的地区应用较困难。

## （二）喷粉

喷粉是粉剂农药的使用方法，一般用喷粉器喷洒。要求均匀，周到，以手指摸叶片，能沾着些微药粉为宜。喷粉法效率较高，不需要水源，但用药量大，药效较差，现在已很少使用。

## （三）种苗处理

用药剂处理种子、果实、苗木、接穗、插条及其他繁殖材料，统称种苗的药剂处理。许多果树病害可以通过带病的繁殖材料传播。因此，繁殖材料使用前用药剂进行集中处理，是防治这类病害经济有效的方法。防治对象的特点不同，用药的浓度、种类、处理时间和方法也不同。例如，表面带菌的可用表面杀菌剂；病毒潜藏在表皮下或芽鳞内的，要用渗透性较强的铲除剂；潜藏更深的要用内吸性杀菌剂。核桃病害的防治，种苗处理的方法主要是药剂浸泡。把热力处理与化学处理相结合的方法，统称热化学法，可以提高药剂的渗透力，减少用药量和处理时间，一般用于果实贮藏病害及种苗病害的防治。

## （四）土壤处理

药剂处理土壤的作用，主要是杀死或抑制土壤中的病原物，使其不能侵染危害。在核桃生产上，土壤处理一般用于土壤传播的病害，例如核桃苗木立枯病、白绢病等病害。土壤施药的方法，有表面撒施、药液浇灌、使用毒土、土壤注射等。表面撒施主要用于杀灭在土壤表面或浅层存活的病原物，后三种主要用于在土壤中广泛并能长期存活的病原物。在较大面积上施用药剂成本较高，难以推广。因此，土壤药剂处理目前主要应用于苗床、树穴、根围的土壤。

药剂处理土壤，可以引起土壤物理化学性质和土壤微生物群落的变化。在进行突然药剂处理前，要详细分析，权衡轻重，不要贸然进行，以免带来不良后果。

除上述方法外，杀菌剂还有其他一些使用方法。例如用药液浸洗果实；用浸过药的纸张包裹果实；用浸过药的物品作为果品运输过程中的填充物等；用药剂保护伤口，涂刷枝干防治某些枝干病害；果树涂白，防止冻害等。此外，用注射法和包扎法施药，是防治系统侵染病害的重要施药方法。

# 第五节　安全合理使用农药

生产优质安全果品，应禁止使用剧毒、高毒、高残留和致畸、致癌、致突变的农药，提倡使用高效、低毒，低残留的无公害农药。在使用农药时要注意用药安全，不能导致药害；尽量采用低毒、低残留农药，以降低残留和污染，并避免对生态平衡的破坏；要选择高效药剂，以保证防治效果，充分控制病虫危害；要耐雨水冲洗，充分发挥药效，减少用药次数；要以药剂有效成分进行筛选，不要被各种诱人的名称所诱惑；合理选用混配农药，既要充分发挥不同类型药剂的作用特点，又要避免一些负面作用；使用农药应有长远和全局观点，不能只顾及眼前和局部利益。

# 一、严格执行农药品种的使用准则

## （一）禁用农药品种

**1. 有机磷类高毒品种**　对硫磷（一六〇五、乙基一六〇五、一扫光）、甲基对硫磷（甲基一六〇五）、久效磷（纽瓦克、纽化磷）、甲胺磷（多灭磷、克螨隆）、氧化乐果、甲基异柳磷、甲拌磷（三九一一）、乙拌磷及较弱突变作用的杀螟硫磷（杀螟松、杀螟磷、速灭虫）。

**2. 氨基甲酸酯类高毒品种**　灭多威（万灵、万宁、快灵）、呋喃丹（克百威、虫螨威、卡巴呋喃）等。

**3. 有机氯类高毒、高残留品种**　六六六、滴滴涕、三氯杀螨醇（开乐散）。

**4. 有机砷类高残留致病品种**　福美胂（阿苏妙）及无机砷制剂，如砷酸铝等。

**5. 二甲基甲脒类慢性中毒致癌品种**　杀虫脒（杀螨脒、克死螨、二甲基单甲脒）。

**6. 具连续中毒及慢性中毒的氟制剂**　氟乙酰胺、氟化钙等。

## （二）安全农药品种

**1. 杀虫剂、杀螨剂生物制剂和天然物质**　苏云金杆菌（Bt、青虫菌、敌宝）、甜菜夜蛾核多角体病毒、银纹夜蛾核多角体病毒、小菜蛾颗粒体病毒。茶尺蠖核多角体病毒、棉铃虫核多角体病毒、苦参碱（蚜螨敌、苦参素）、烟碱、鱼藤酮、苦皮藤素、阿维菌素（爱福丁、灭虫灵、齐螨素、虫螨克）、多杀霉素、浏阳霉素、白僵菌、除虫霉素、硫黄。

**2. 合成杀虫制剂**　溴氰菊酯（敌杀死）、氟氯氰菊酯、氯氟氰菊酯（百树得）、氯氰菊酯（灭扫利）、联苯菊酯（天王星）、氰戊菊酯（速灭杀丁）、甲氰菊酯（灭扫利）、氟丙菊酯、硫双威、丁硫克百威、抗蚜威、异丙威、速灭威、辛硫磷、毒死蜱（乐斯本、毒死本）、敌百虫、敌敌畏、马拉硫磷、乙酰甲胺磷、乐果、三唑磷、杀螟硫磷、倍硫磷、丙溴磷、亚胺硫磷、灭幼脲、氟啶脲、氟铃脲、抑虫肼、灭蝇胺等。

**3. 无机杀菌剂**　碱式硫酸铜、王铜、氢氧化铜（可杀得）、氧化亚铜（铜大师）、石硫合剂。

**4. 合成杀菌剂**　代森锌、代森锰锌（新万生、大生）、福美双、乙磷铝（疫霉灵、克霉、霉菌灵）、多菌灵、甲基硫菌灵、噻菌灵、百菌清（达科宁）、三唑酮（粉锈宁）、烯唑醇（禾果利、速保利、特普唑）、戊唑醇、己唑醇、腈菌唑、乙霉菌·硫菌灵、腐霉利（速克灵）、异菌脲（扑海因）、霜霉威（普力克）、烯酰吗啉·锰锌（安克·锰锌）、霜脲氰·锰锌（克露）、邻烯丙基苯酚、嘧霉胺、氟吗啉等。

**5. 生物杀菌制剂**　井岗霉素、农抗 120、菇类蛋白多糖（抗毒剂 1 号）、春雷霉素、多抗霉素、宁南霉素、木霉素、农用链霉素。

# 二、农药科学安全使用方法

## （一）避免造成药害

在清晨至 10 时前和 16 时后至傍晚用药，可在树体内保留较长时间的农药作用时间，对人和作物较为安全；而在气温较高的中午用药则易产生药害和人员中毒现象，且农药挥发速度快，杀病虫时间较短。药害产生以及药害轻重与多种因素有关。一般无机农药最易产生药害，有机合成农药产生要害的可能性较小，生物源农药不易产生药害。同类农药中，乳油产生药害的可能性较大。一般幼嫩组织对药剂较敏感，花期抗药性较差，休眠期耐药性较强。有些药剂高温环境易造成药害，如硫制剂、有机磷杀虫剂等；有些药剂高湿环境易产生药害，如铜制剂等。使用浓度越高或用药量越大越易发生药害，喷药不均，药剂混用或连用不当，也易导致药害。

## （二）提高防治效果

要获得理想的防治效果，首先必须对症下药，根据病虫害的类型选择相应的农药；其次是适期用药，根据病虫发生规律，抓住关键期进行药剂防治；第三，根据病虫害发生特点，选用相应的喷药方法；第四，根据病虫危害程度，合理混合用药及交替用药；第五，充分发挥综合防治效果，有机结合农业措施、物理防

治及生物防治等。

### （三）保证喷药质量

喷药时必须及时、均匀、细致、周到，特别是叶片背面、果面等易受病、虫危害的部位。核桃树体比较高大，喷药时应特别注意树体内膛及上部，应做到"下翻上扣，四面喷透"。

### （四）防止产生抗性

化学防治必须注意防止病虫产生抗性。首先，要注意适量用药，避免随意加大药量，降低农药的选择压力；其次，合理混合用药，利用药剂间的协同作用，防止产生抗性种群；第三，适当交替用药，同一生长季节单纯或多次使用同种或同类农药时，病虫抗性明显提高，降低防治效果，交替使用农药可延长农药使用寿命和提高防治效果，减轻污染程度。

### （五）合理使用助剂

助剂是协同农药充分发挥药效的一类化学物质，其本身没有防治病虫活性，但可促进农药的药效发挥，提高防治效果。如介壳虫类和叶螨类，表面带有一层蜡质，混用某些助剂后，不但可以提高药剂的黏附能力，还可增加药剂渗透性，最终提高防治效果。

### （六）采前停止用药

根据安全用药标准，保证国家残留量标准的实施，无公害果品采收前 20 天停止用药，个别易分解的农药可在此期间慎用。对于喷施农药后的用具、药瓶或剩余药剂及作业防护用具，要注意安全存放和处理，以避免新的污染。

### （七）依据病虫预报科学用药

应及时掌握气候、天敌数量和种类、病虫害发生基数及速度等因素，对病虫危害要做多方面预测。在充分衡量人工防治难度和速度、天敌生物控制及物理防治的可行性基础上，做出准确的测报依据，是决定化学药剂是否采用的科学方法。病虫害发生时，在经济条件允许的条件下，能用其他无公害手段控制时，尽量不采用化学合成农药防治，或在危害盛期有选择地用药，以综合防治措施来减少用药。

# 第六节　核桃主要病害防治技术

## 一、核桃炭疽病

在我国核桃产区均有产生。该病主要危害果实、叶、芽及嫩梢。一般果实被害率达 20%～40%，病重年份可高达 95% 以上，引起果实早落、核仁干瘪，不仅降低商品价值，产量损失也相当严重。

### （一）病害症状

果实受害后，果皮出现褐色病斑，圆形或近圆形，中央下陷，病部有黑色小点产生，有时略呈纹状排列。温、湿度适宜时，在黑点处涌出黏性粉红色孢子团，即分生孢子盘和分生孢子。病果上的病斑一至数十个，可连接成片，使果实变黑、腐烂或早落，其核仁无任何食用价值。发病轻时，核壳或核仁的外皮部分变黑，降低出油率和核仁产量。果实成熟前病斑局限在外果皮，对核桃影响不大（彩图 12 - 1）。

叶片上的病斑多从叶尖、叶缘形成大小不等的褐色枯斑，其外缘有淡黄色圈。有的在主侧脉间出现长条枯斑或圆褐斑。潮湿时，病斑上的小黑点也产生粉红色孢子团。严重时，叶斑连片，枯黄而脱落。

芽、嫩梢、叶柄、果柄感病后，在芽鳞基部呈现暗褐色病斑，有的还可深入芽痕、嫩梢、叶柄、果柄等，均出现不规则或长形凹陷的黑褐色病斑。引起芽梢枯干，叶果脱落。

## （二）发病规律

真菌病害，病菌以菌丝、分生孢子在病枝、叶痕、病果及芽鳞中过冬，成为来年初次侵染来源。分生孢子借风、雨、昆虫传播，从伤口和自然孔口侵入。在 25～28℃条件下，潜育期 3～7天。核桃炭疽病的发病时间随地区不同而异，一般比核桃黑斑病稍晚。河南为 6 月上中旬，河北、北京为 7～8 月份，四川为 5月中旬。发病早晚和轻重程度与温、湿度有密切关系。一般当年雨季早、雨水多、湿度大则发病较早且重；反之，则发病晚、病害轻。栽植密度过大，管理水平不高，树冠稠密通风透光不良及举肢蛾多的发病较重。核桃附近有苹果树的发病重。不同品种类型间其抗病性也表现出明显差别，一般早实型核桃不如晚实型核桃抗病性强。同一类型不同品种和单株间的感病性各不相同。

## （三）防治方法

（1）及时清除病枯枝、落叶、残桩、死树等，集中烧毁，减少初次侵染源。

（2）发芽前喷 3～5 波美度石硫合剂，开花后喷 1∶1∶200倍波尔多液或 50％多菌灵 600～800 倍液，以后每隔半月或 20天左右喷一次，效果也很好。

（3）加强栽培管理，合理施肥，增施有机肥，保持树体健壮生长，提高树体抗病能力。重视修剪，改善园内通风透光条件，有利于控制病害。

（4）栽培优质、抗病的新品种。

# 二、核桃细菌性黑斑病

又称核桃黑斑病、核桃黑、黑腐病。在我国各核桃产区均有不同程度发生，是一种世界性病害。该病主要危害核桃果实、叶片、嫩梢、芽和雌花序。一般植株被害率70%～100%，果实被害率10%～40%，严重时可达95%以上，造成果实变黑、腐烂、早落，使核仁干瘪减重，出油率降低，甚至不能食用。

## （一）病害症状

果实病斑初为黑褐色小斑点，后扩大成圆形或不规则黑色病斑。无明显边缘，周围呈水渍状晕圈。发病时，病斑中央下陷、龟裂并变为灰白色，果实略现畸形。危害严重时，导致全果迅速变黑腐烂，提早落果。幼果发病时，因其内果皮尚未硬化，病菌向里扩展可使核仁腐烂。接近成熟的果实发病时，因核壳逐渐硬化，发病仅局限在外果皮，危害较轻。

叶上病斑最先沿叶脉出现黑色小斑，后扩大成近圆形或多角形黑褐色病斑，外缘有半透明状晕圈，多呈水渍状（彩图12-2）。后期病斑中央呈灰色或穿孔状，严重时整个叶片发黑、变脆，残缺不全。叶柄、嫩梢上的病斑长圆形或不规则形，黑褐色、稍凹陷，病斑绕枝干一周，造成枯梢、落叶（彩图12-3）。

## （二）发病规律

细菌性病害。病原细菌在感病枝条及老病斑、芽鳞和残留病果等组织内越冬。翌春核桃展叶时期借雨水、带菌花粉和昆虫活动传播到叶片与果实上，于4～8月份发病，并反复多次侵染。

细菌从气孔、皮孔、柱头等自然孔口及各种伤口侵入。核桃举肢蛾、桃蛀螟、核桃长足象等在果实、叶片、嫩枝上取食、产卵造成的伤口，以及日灼伤、雹伤等都是细菌侵入的途径。

核桃黑斑病发病早晚及发病程度与湿度有关。细菌侵染叶片的适温为4～30℃，侵染幼果的适温为5～27℃，一般雨后病害迅速蔓延。春雨多的年份与季节，发病早且严重。华北地区7～8月恰逢雨季，高温，高湿，加之核桃举肢蛾危害及日灼等，为

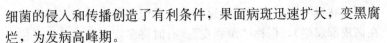

细菌的侵入和传播创造了有利条件，果面病斑迅速扩大，变黑腐烂，为发病高峰期。

核桃黑斑病的发病程度还随核桃品种、类型、树势和树龄的不同而不同。早实核桃发病较晚实核桃重；不同的品种对黑斑病的抗病力有明显差异；虫害多的地区和长势弱的植株发病重，老龄树较中、幼龄壮树发病重。

### （三）防治方法

（1）搞好清园，结合修剪，除去病枝和病果，越冬前深翻果园，减少初侵染源。

（2）喷药保护，发芽前喷 3～5 波美度石硫合剂，生长期喷 1～3 次 1∶0.5∶200 的波尔多液；或喷 50% 甲基托布津、0.4% 草酸铜效果也较好，且不易发生药害。还可用 0.003% 浓度的农用链霉素加 2% 的硫酸铜，多次喷雾（半月一次），也可取得良好的效果。

（3）加强田间管理，保持园内通风透光，砍去近地枝条，减轻潮湿和互相感病。

（4）选择避病、抗病、抗虫品种。

## 三、核桃腐烂病

核桃树腐烂病又称烂皮病、黑水病，在我国核桃产区均有发生。2010 年 4 月上中旬持续低温、降雪，陕西渭北核桃普遍受冻，导致腐烂病大面积发生。据宜君县核桃办 5 月上旬调查，核桃树腐烂病和溃疡病感病株率平均 25%，部分园地达 90%，约 10% 的感病树全株枯死。

### （一）病害症状

核桃树腐烂病主要危害枝干树皮，因树龄和感病部位不同，病害症状也不同。大树主干感病后，病斑初期隐藏在皮层内（即在韧皮部腐烂），俗称"湿囊皮"。有时许多病斑呈小岛状互相串联，周围聚集大量白色菌丝体，从皮层内溢出黑色液。发病后期病斑扩展到长达20～30厘米，树皮纵裂，沿树皮裂缝流出黑水（故称黑水病），干后发亮，好似刷了一层黑漆（彩图12-4）。

幼树主干和侧枝受害后，病斑初期近梭形，呈暗灰色、水浸状，微肿起，用手指按压病部，流出带泡沫的液体，有酒糟味。病斑上散生许多黑色小点即病菌的分生孢子器。当空气湿度大时，从小黑点内涌出橘红色胶质丝状物，为病菌的分生孢子角病斑沿树干纵横方向发展，后期病斑皮层纵向开裂，流出大量黑水。当病斑环绕树干一周时，常会导致幼树侧枝或全株枯死。营养枝或2～3年生侧枝感病后，枝条逐渐失绿、皮层与木质剥离、失水，皮下密生黑色小点（分生孢子器），呈枯枝状。修剪伤口感染发病后，出现明显的褐色病斑，并向下蔓延引起枝条枯死。

核桃树腐烂病在同一株树上的发病部位，以枝干的阳面、树干分权处、剪（锯）口和其他伤口处较多，在同一果园中，挂果树比不挂果树发病多，弱树比旺树发病多，早实品种比晚实品种发病严重。

### （二）发病规律

核桃树腐烂病是一种真菌病害，在显微镜下观察，分生孢子器埋于木栓层下，多腔，形状不规则，黑褐色，有长颈。分生孢子为单孢，无色，香蕉形。病菌以菌丝体及分生孢子器在病树上越冬。翌年早春树液流动时，病菌孢子借雨水、风力、昆虫等传播，从各类伤口侵入，逐渐扩展蔓延危害。4～9月份成熟的分生孢子器，每当空气湿度大时，陆续泌出分生孢子角，产生大量的分生孢子，进行多次侵染危害，直至越冬前停止侵染。春、秋两季为一年的发病高峰期，特别是4月中旬至5月下旬危害最重。核桃树腐烂病是典型的潜伏侵染病菌，一般在管理粗放、土壤瘠薄、排水不良、肥水不足或遭受冻害时，均可造成树势衰弱，导致病害发生。

### （三）防治方法

**1. 农艺措施**　通过改良土壤，增施有机肥，科学修剪，保护伤口等措施增强树势，提高抗病能力。

**2. 物理措施**　在病疤上涂抹大蒜液（将大蒜捣成蒜泥，按1∶1的比例加入10％的食盐水配制成蒜液）或盐水液（用食盐1千克、水40千克配成1∶40的淡盐水，烧开并晾凉）、碱水液（食用碱和水按1∶5的比例配制），周围应超出病疤3～5厘米，外敷新鲜泥土（湿润程度为手捏成团，能黏附在树皮上），再裹塑料薄膜。

**3. 化学措施**　发病盛期要先刮治病斑，刮治范围可控制在比变色组织大出1厘米，略刮去一点好皮即可。突击刮治，并坚持常年治疗。树皮没有烂透的部位，只需要将表层病皮削除，病变达到木质部的要刮到木质部。刮后用2％农抗120水剂30倍液或4～6波美度石硫合剂涂抹2次，消毒杀菌，也可直接在病斑上用大蒜擦后，再敷3～4厘米厚的稀泥，用塑料纸裹紧。刮下的病皮集中烧毁。

**4. 预防措施**　树木落叶后，对主干、主枝刷涂白剂（配方为水∶生石灰∶食盐∶硫黄粉∶动物油＝100∶30∶2∶1∶1），以降低树皮温差，减少冻害和日灼。开春发芽前，6～7月和9月份，在主干和主枝的中部和下部喷2～3波美度石硫合剂。

## 四、核桃枝枯病

在辽宁、河北、河南、山东、陕西、甘肃、四川、江苏等地均有发生。主要危害核桃枝干，造成枝干枯死，树冠逐年缩小，严重影响树势产量。此病还危害野核桃、核桃楸和枫杨。

## （一）病害特征

1～2年生的枝梢或侧枝受害后，先从顶端开始，逐渐蔓延至主干。受害枝上的叶变黄脱落。发病初期，枝条病部失绿呈灰绿色，后变红褐色或灰色，大枝病部稍下陷。当病斑绕枝一周时，出现枯枝或整株死亡，并在枯枝上产生密集、群生小黑点，即分生孢子盘（彩图12-5）。湿度大时，大量分生孢子和黏液从盘中央涌出，在盘口形成黑色瘤状突起。

## （二）发病规律

真菌病害。真菌在病枝上越冬，为翌年初次侵染源。孢子借风、雨、昆虫传播，通过各种伤口侵入皮层，逐渐蔓延。5～6月开始发病，初期病斑不明显，随着病斑不断扩大，皮层枯死开裂，病部表面分生孢子盘不断散放出分生孢子，进行多次侵染，7～8月为发病盛期。

核桃枝枯病为弱寄生菌，腐生性强，发病轻重与舒适强弱有密切关系。老龄树、生长衰弱的树或枝条，或者遭受冻害或春旱的核桃树，以及空气湿度大或雨水多的年份发病重。一般立地条件好、栽培管理水平高、生长旺盛的树很少发病。栽植密度过大，通风透光不良的发病重。

## （三）防治方法

**1. 清理果园，树干涂白**　病菌在枯枝上越冬，应于冬季扫除园内枯枝、落叶、病果，并带出园外烧毁。用生石灰12.5千克、硫黄粉0.5千克、食盐1.5千克、植物油0.25千克、水50千克配制成涂白剂，于冬季进行树干涂白。

**2. 加强管理，合理密植**　加强土、肥、水和树体管理，增强树势，提高其抗病力。一是深翻土壤，当核桃采收后至落叶前进行土壤深翻，熟化土壤，促进根系发育，提高吸收功能，深翻深度以 20～30 厘米为宜。二是施足肥料，结合深翻每株成年大树施入腐熟的有机肥 150～200 千克，6～7 月份追施一次氮磷钾复合肥料。三是及时灌水，促进树体健壮生长，提高抗病能力。

**3. 加强夏秋管理，及时修剪，培壮树势** 发现病枝及时剪除，带出园外烧毁，以减少病菌，再用 40%福美砷 50～100 倍药液或 5～10 波美度石硫合剂涂刷伤口消毒。同时，搞好夏剪，疏除密蔽枝、病虫枝、徒长枝，改善通风透光条件，降低发病率。

**4. 加强化学防治，提高防治效果** 在 6～8 月份选用 70%甲基托布津可湿性粉剂 800～1 000 倍液或 400～500 倍代森锰锌可湿性粉剂喷雾，每隔 10 天喷一次，连喷 3～4 次可收到明显的防治效果。同时，要及时防治云斑天牛、核桃小吉丁虫等蛀干害虫，防止病菌由蛀孔侵入。

# 五、核桃苗木菌核性根腐病

核桃苗木菌核性根腐病又叫白绢病，在我国西南地区（主要是云南大理地区）时有发生。多危害一年生幼苗，使其主根及侧根皮层腐烂，地上部枯死，甚至全树死亡。

## （一）病害特征

通常发生在苗木的根颈部或颈基部。在高温、潮湿条件下，苗木颈基部和周围土壤及落叶表面先出现白色绢丝状菌丝体，菌丝可逐渐向下延伸至根部。随后在菌丝体上产生白色或褐色油菜籽状的粒状物，即病原菌的小菌核。苗木根颈部皮层逐渐变成褐色坏死，严重的皮层腐烂。苗木受害后，影响水分和营养吸收，以致生长不良，地上部叶片变小变黄，枝条节间缩短，严重时枝叶凋萎，当病斑环颈一周后导致全株枯死。有些树种叶片也能感病，在病叶上出现轮纹状褐色病斑，病斑上长出小菌核，叶片逐渐凋萎脱落。

## （二）发病规律

真菌病害。白绢病菌为根部习居菌，主要以菌核在土壤中越冬，也可在被害苗木及被害杂草上越冬，翌年土壤温、湿度适宜时菌核萌发产生菌丝体，病菌在土壤中可随地表水流传播，菌丝依靠生长在土中蔓延，侵染苗木根部和颈部。病菌以菌丝在土壤中蔓延传播。病菌喜高温，病害多在高温多雨季节发生，6月上旬开始发病，7~8月份气温上升至30℃左右时为发病盛期，9月末停止发病，高温高湿是发病的重要条件，气温30~38℃，经3天菌核即可萌发，再经8~9天又可形成新的菌核。在酸性至中性、排水不良、肥力不足的黏重土壤中容易发病，土壤有机质丰富、含氮量高及偏碱性土壤中则发病少；土壤湿度大有利于病害发生，特别是在连续干旱后遇雨可促进菌核萌发，增加对寄主侵染的机会；连坐地由于土壤中病菌积累多，苗木也易感病；圃地管理措施不当，整地质量差，播种过密，排水不畅，杂草多，品种品性差，耕作粗放，均能引起或加重核桃根腐病的发生。根颈部受日灼伤的苗木也易感病。

## （三）防治办法

**1. 选好圃地，避免病圃连作**　选排水好、地下水位低的地方为圃地，在多雨区采用高苗床育。

**2. 晾土或客沙换土**　换土可每年一次，一般1~2次见效。

**3. 种子消毒及土壤处理**　播前用50%多菌灵粉剂0.3%拌种，对酸性土适当加入石灰或草木灰，以中和酸度，可减少发病。此外，用1%硫酸铜或甲基托布津500~1 000倍液浇灌病树根部，再用消石灰撒入苗颈基部及根部土壤，或用代森铵水剂1 000倍液浇灌土壤，对病害均有一定的抑制作用。

## 六、核桃褐斑病

主要发生在陕西、河北、吉林、四川、河南、山东等地。危害叶、嫩梢和果实，引起早期落叶、枯梢，影响树势和产量。

### (一) 病害症状

受害叶上呈近圆形或不规则形灰褐色斑块，直径 0.3～0.7 厘米，中间灰褐色，边缘不明显且黄绿至紫色，病斑上有黑褐色小点，略呈同心轮纹状排列。严重时病斑连接，致使早期落叶。嫩梢上病斑为长椭圆形或不规则形，稍凹陷，边缘褐色，中间有纵裂纹，后期病斑上散生小黑点，严重时梢枯。果实病斑比叶片病斑小，凹陷，扩展后果实变黑腐烂。

### (二) 发病规律

病菌在病叶或病枝上越冬，翌年春季产生分生孢子，借风雨传播，从伤口或皮孔侵入叶、枝或幼果。5月中旬到6月初开始发病，7～8月份为发病盛期。多雨年份或雨后高温、高湿发病迅速，造成苗木大量枯梢。

### (三) 防治方法

**1. 清除病源** 清除病叶、病梢，深埋或烧毁。
**2. 药剂防治** 6月上中旬或7月上旬各喷一次1：2：200的波尔多液或50％的甲基托布津800倍液，效果良好。

## 七、核桃溃疡病

### (一) 症状

该病多发生在树干及侧枝基部，最初出现黑褐色近圆形病斑,直径 0.1~2 厘米。有的扩展成梭形及条长病斑。病斑在幼嫩及光滑树皮上呈水渍状或形成明显的水泡,破裂后流出褐色黏液,遇光全变成黑褐色,随后患处形成明显圆斑。后期病斑干缩下陷,中央开裂,病部散生许多小黑点,即病菌的分生孢子器。严重时,病斑迅速扩展或数个相连,形成大小不等的梭形、长条形病斑,当病部不断扩大,环绕枝干一周时,则出现枯梢,枯枝或整株死亡。

### (二)发病规律

病菌在病枝上越冬。翌春气温回升,雨量适中,可形成分生孢子,从枝干皮孔或伤口侵入,形成新的溃疡病。该病与温度、雨水、大风等关系密切,温度高,潜育期短。一般从侵入到症状出现需 1~2 个月。该病是一种弱寄生菌,从冻害、日灼和机械伤口侵入,一切影响树势衰弱的因素都有利于该病发生,如管理水平不高、树势衰弱或林地干旱、土质差、伤口多的园地易感病。

### (三)防治方法

(1)树干涂白,防止日灼和冻害。涂白剂配制为生石灰 5 千克,食盐 2 千克,油 0.1 千克,水 20 千克。

(2)春天刮除病斑,涂 2 度石硫合剂。

(3)加强田间管理,搞好保水工程,增强树势,提高树体抗病能力。

## 八、核桃白粉病

主要危害叶、幼芽和新梢,引起早期落叶和死亡。在干旱季节和年份发病率高。

### （一）病害症状

最明显的症状是叶片正、反面形成薄片状白粉层，秋季在白粉层中生出褐色至黑色小颗粒。发病初期叶片上呈黄白色斑块，严重时叶片扭曲皱缩，提早脱落，影响树体正常生长。幼苗受害后，植株矮小，顶端枯死，甚至全株死亡（图 12 - 6）。

### （二）发病规律

病菌在脱落的病叶上越冬，7～8 月份发病，从气孔多次侵染。温暖而干旱，氮肥多，钾肥少，枝条生长不充实时易发病，幼树比大树易受害。

### （三）防治方法

（1）合理施肥与灌水，加强树体管理，增强树体抗病力。

（2）消除病源，及时消灭病叶，以减少初次侵染源。

（3）药剂防治，发病初期用 0.2～0.3 波美度的石硫合剂或甲基托布津 800～1 000 倍液、2％农抗 120 水剂 200 倍液喷雾，尤以 25％粉锈宁 500～800 倍液防治效果好。

# 第七节　核桃主要虫害防治技术

## 一、核桃举肢蛾

核桃举肢蛾属鳞翅目举肢蛾科，俗称"核桃黑"。在华北、西北、西南、中南等核桃产区均有发生，主要危害果实，以幼虫在青果皮内蛀食，可形成多条隧道，充满虫粪，被害处青皮变黑，危害早者种仁干缩、早落；晚者种仁瘦瘪变黑。被害后 30 天内可在果中剥出幼虫，有时一果内有十几条幼虫。果实受害率可达 70％～80％，甚至 100％，是降低核桃产量和品质的主要害虫。

## （一）形态特征（图 12 - 1）

**1. 成虫** 雌蛾体长 5～8 毫米，翅展 13 毫米。雄蛾体长 4～7 毫米，前翅黑褐色，端部 1/3 处有一弯曲白斑，后缘基部 1/3 处有一椭圆形白斑。后翅褐色有金光。栖息时向侧上方举起，故称举肢蛾。

**2. 卵** 椭圆形，0.3～0.4 毫米，初产乳白色，渐变黄白色、黄色、淡红色，近孵化时变红褐色。

**3. 幼虫** 初孵幼虫体长 1.5 毫米，乳白色，头部黄褐色。老熟幼虫体长 7.5～9 毫米，黄白色，各节均有白色刚毛。头部暗褐色。腹足趾钩为单序环状。臀足趾钩为单序横带。

**4. 蛹** 纺锤形，被蛹，长 4～7 毫米，黄褐色。茧椭圆形，褐色，长 8～10 毫米，常附有草末及细土粒。

**5. 茧** 长椭圆形，褐色，上面附有草末和细土粒，长 7～10 毫米，在较宽的一端有一黄白色缝合线，即羽化孔。

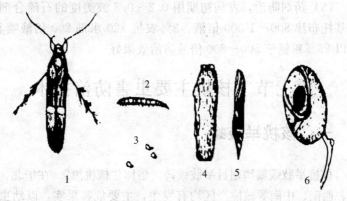

图 12 - 1　核桃举肢蛾
1. 成虫　2. 若虫　3. 卵　4. 土茧　5. 蛹　6. 危害状

## （二）发生规律及生活习性

该虫喜生活于阴坡地带，略具趋光性，飞翔、交尾、产卵均在傍晚。幼虫期共 5 龄，果内危害 30～40 天。成虫羽化盛期，随机抽样捕查，雌蛾 34 头，雄蛾 26 头，雌雄比为 1.31∶1。从羽化到死亡，雌蛾平均 7.7 天，最长 9 天，最短 6 天；雄蛾平均 2.6 天，最长 4 天，最短 2 天。据树上调查，产卵部位在果萼洼、果梗洼、果面、叶主脉、叶柄基部等，以果萼洼最多，占调查卵数的 62.5%，其次是梗洼，占 26.4%，叶主脉占 6.9%，叶柄基部占 2.8%，果面占 1.4%。在气温 25～29℃条件下，卵期平均为 9.1 天，最长 10 天，最短 8 天。7 月下旬随机取样剖查黑核桃的结果显示，平均每果有幼虫 8.5 头，最多为 16 头，最少 3 头。初孵化的幼虫在蛀孔处出现无色黏液状分泌物。幼虫先在果皮内取食危害，在蛀食经过处，果面凹陷发黑。成虫羽代时间一般在下午，羽化后多在树冠下部叶背活动，能跳跃，后足上举，并常做划船状摇动，行走用前、中足，静止时，后足向侧上方伸举，故称"举肢蛾"。刚羽化出土的成虫在杂草或下部树叶背面潜伏，夜间和上午一般不动，到下午 6 时左右开始飞翔，互相追逐，寻找配偶进行交尾。幼虫在果内的危害期为 30～45 天。一年发生 1～2 代。以老熟幼虫在土壤里结茧越冬。越冬幼虫在 6 月上旬至 7 月中旬化蛹，盛期在 6 月下旬。成虫发生期在 6 月上旬至 8 月上旬，羽化盛期在 6 月下旬至 7 月上旬。幼虫在 6 月中旬开始危害，老熟幼虫 7 月中旬开始脱果，盛期在 8 月中旬，9 月末尚有个别幼虫脱果越冬。在树冠下 6 厘米深的土内，以及杂草、枯叶、树根枯皮、石块与土壤间结茧越冬。一般情况下，阴坡比阳坡、沟谷比平原、坡地荒地比耕地受害严重。早春干旱的年份发生较轻，成虫羽化时多雨潮湿则发生严重。

### （三）防治方法

（1）冬季结冻前彻底清除树下枯枝落叶、杂草，刮除树干基部翘皮，集中烧毁，并翻耕土壤，消灭越冬蛀虫。

（2）采果至土壤冰冻前或翌年早春进行树下耕翻，深度约

15厘米，并结合耕翻可在树冠下地面撒施5%辛硫磷粉剂。

（3）成虫羽化前于树盘覆土2～4厘米，阻止成虫出土，或每株树冠下撒25%西维因粉0.1～0.2千克杀成虫。

（4）7月上旬幼虫脱果前，及时检拾落果和提前采收被害果深埋灭害虫。

（5）自成虫产卵器开始，每隔半月喷一次25%西维因600倍液或敌杀死5 000倍液、40%乐果乳油800～1 000倍液，连喷3～4次。

（6）6月份每亩释放松毛虫、赤眼蜂等天敌30万头，可控制危害程度。

（7）郁闭的核桃林，在成虫发生期可使用烟剂熏杀成虫。

# 二、核桃云斑天牛

核桃云斑天牛属鞘翅目天牛科。俗称铁炮虫、核桃天牛、钻木虫等。分布较广，在河北、河南、北京、山东、陕西、山西、甘肃等核桃产区均有发生。主要危害枝干，使受害树有的主枝及中心干死亡，有的整株死亡，是核桃树的一种毁灭性害虫。

## （一）形态特征

成虫体长51～97毫米，密被灰色或黄色绒毛。前胸背板中央有1对肾形白色毛斑。鞘翅上有不规则的白斑，呈云片状，一般排列成2～3纵行。虫体两侧各有白色纹带一条。雌虫触角略长于体，雄虫触角超过体长3～4节。鞘翅基部密布瘤状颗粒，两鞘翅的后缘1对小刺。卵长圆形，长8～9毫米，黄白色，略扁稍弯曲，表面坚韧光滑。幼虫体长74～100毫米，黄白色，头扁平，半缩于胸部，前胸背板为橙黄色，着生黑色点刻，两侧白色，其上有本位黄色半月牙形斑块。前胸腹面排列有4个不规则橙黄色斑块，前胸及腹部第1～7节背面，有许多点刻组成的骨化区，呈"口"形。蛹长 40～70 毫米，乳白色至淡黄色（图12-2）。

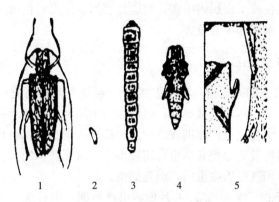

图 12-2　核桃云斑天牛
1. 成虫　2. 卵　3. 幼虫　4. 蛹　5. 树干被害状

## （二）发生规律及习性

　　一般2～3年发生1代，以幼虫在树干内越冬，次年春幼虫开始活动，危害皮层和木质部，并在蛀食的隧道内老熟化蛹。蛹羽化后从蛀孔飞出，6月中下旬交配产卵。卵孵化后，幼虫先在皮层部危害，随着虫体增长，逐渐深入木质部危害。树干被蛀食后，流出黑水，并由蛀孔排出木屑和虫粪，严重时整株枯死或风折（彩图12-7）。成虫取食叶片及新梢嫩皮，昼夜飞翔，以晚间活动多，有趋光性。产卵前将树干表皮咬一个月牙形伤口，将卵产于皮层中间。卵多产在主干或粗的主枝上。每头雌虫产卵20粒左右。2～3年1代，以幼虫在树干内越冬。翌年4月下旬开始活动，幼虫老熟后，便在隧道内化蛹，蛹期1个月左右。在核桃雄花开放时，咬1厘米左右的圆形羽化孔外出，5月份为成虫羽化盛期。成虫有趋光性和假死性，多在夜间活动，白天栖息在树干及大枝上，能多次交尾。5月下旬成虫开始产卵，6月中旬为产卵盛期。产卵前，成虫先将树皮咬成1个半月形窄口刻槽，每处产卵 1 粒，每一成虫可产卵 20 多粒，卵期 15～20 天。幼虫孵化后先在枝干皮层内串食，被害处变黑、流出褐色树液，幼虫逐渐蛀入木质部串食危害。

### （三）防治技术

**1. 人工捕杀成虫** 成虫发生期经常检查，利用成虫的假死性进行人工振落、直接捕杀；也可在晚上用黑光灯诱杀成虫；人工杀虫灭卵在成虫产卵期或产卵后，检查树干基部，寻找产卵刻槽，用刀将被害处挖开，也可用锤敲击，杀死卵和幼虫。幼虫危害期也可用铁丝入虫道内，刺死幼虫。

**2. 涂白** 冬季或 5、6 月份成虫产卵期，用石灰 5 千克、食盐 0.25 千克、硫黄 0.5 千克、水 20 千克充分混匀后，涂刷树干基部，既能防止成虫产卵，又能杀死幼虫。

**3. 虫孔注药** 发现排粪孔后，清除虫孔内虫粪和木屑，用 5～20 倍乐果或敌敌畏棉球塞堵虫孔，或向虫孔内放入乙磷铝药片熏杀幼虫，外面用泥密封虫孔，效果很好。

**4. 毒签熏杀** 幼虫危害期，从虫道插入"天牛净毒签"，3～7 天后，幼虫致死率 98％以上。有效期长，使用安全、方便，节省投入。

**5. 生物农药防治** 可用白僵菌、25％灭幼脲三号悬浮剂、1.2％苦烟乳油等生物药剂防治云斑天牛，效果又好又安全。

**6. 保护和利用天敌防治** 啄木鸟是蛀干害虫的重要天敌、管氏肿腿蜂能寄生在天牛幼虫体内，两者要注意保护和利用，主要是尽可能少施或不施化学农药。

## 三、木僚尺蠖

木僚尺蠖又名小大头虫、吊死鬼，为分布较广的杂食性害虫。幼虫对核桃树危害很重。大发生年时，幼虫在 3～5 天内即可把全树叶片吃光，致使核桃减产，树势衰弱。受害叶出现斑点状半透明痕迹或小空洞。幼虫长大后沿叶缘吃成缺刻，或只留叶柄。

## （一）形态特征

成虫体长 18～22 毫米，白色，头金黄色。胸部背面有棕黄色鳞毛，中央有 1 条浅灰色斑纹。翅白色，前翅基部有 1 个近圆形黄棕色斑纹。前后翅上均有不规则浅灰色斑点。雌虫触角丝状，雄虫触角羽状，腹部细长。腹部末端有黄棕色毛丛。卵扁圆形，长约 1 毫米，翠绿色，孵化前为暗绿色。幼虫老熟时体长 60～85 毫米，体色因寄主不同而有所变化。头部密生小突起，体密布灰白色小斑点，虫体除首尾两节外，各节侧面均有一个黄白色圆形斑。蛹纺锤形，初期翠绿色，最后变为黑褐色，体表布满小刻点。颅顶两侧有齿状突起，肛门及臀棘两侧有 3 块峰状突起（图 12-3）。

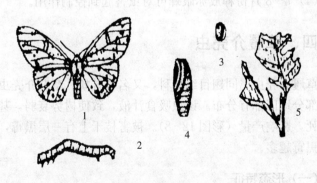

图 12-3 木僚尺蠖
1. 成虫 2. 幼虫 3. 卵 4. 蛹 5. 危害状

## （二）生活习性

每年发生 1 代，以蛹在树干周围土中或阴湿的石缝或梯田壁内越冬。翌年5~8月份冬蛹羽化，7月中旬为羽化盛期。成虫出土后2~3天开始产卵，卵多产于寄主植物皮缝或石块中，幼虫发生期在7月至9月上旬。8月上旬至10月下旬老熟幼虫化蛹越冬。幼虫活泼，稍受惊动即吐丝下垂。成虫不活泼，喜晚间活动，趋光性强。5月降雨有利于蛹的生存，南坡越冬死亡率高。

### （三）防治方法

（1）落叶前至结冻前，早春解冻后至羽化前，结合整地组织人工挖蛹。

（2）于5~8月份成虫羽化期，用黑光灯诱杀或堆火诱杀。

（3）各代幼虫孵化盛期，特别是第一代幼虫孵化期，喷90%敌百虫800~1 000倍液、50%辛硫磷乳油1 200倍液、50%马拉硫磷乳油800倍液、5%氯氰菊酯乳油3 000倍液、10%天王星乳油3 000~4 000倍液，均有较好效果。

（4）7~8月份释放赤眼蜂可对虫害起到控制作用。

# 四、草履介壳虫

草履介壳虫属同翅目绵蚧科，又名草鞋蚧、草鞋介壳虫。我国大部分地区都有分布。该虫吸食汁液，致使树势衰弱，甚至枝条枯死，影响产量（彩图12-8）。被害枝干上有一层黑霉，受害越重黑霉越多。

### （一）形态特征

雌成虫无翅，体长10毫米，扁平椭圆，灰褐色，背面隆起似草鞋，黄褐至红褐色，疏被白蜡粉。雌成虫长约6毫米，翅展11毫米左右，紫红色。触角黑色，丝状。卵椭圆形，暗褐色。若虫与雌成虫相似。雄蛹圆锥形淡红紫色，长约5毫米，外背白色蜡状物（图 12 - 4）。

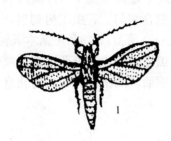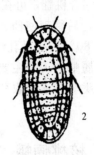

图 12 - 4 草履介壳虫
1. 雄成虫 2. 雌成虫

## （二）生活习性

一年发生 1 代。以卵在树干基部土中越冬。卵的孵化受温度影响。初龄若虫行动迟缓，天暖上树，天冷回到树洞或树皮缝隙中隐蔽群居，最后到一二年生枝条上吸食危害。雌虫经三次蜕皮变成成虫，雄虫第二次蜕皮后不再取食，爬下树在树皮缝、土缝、杂草中化蛹。蛹期 10 天左右，4 月下旬至今月下旬羽化，与雌虫交配后死亡。雌成虫 6 月前后下树，在根颈部土中产卵后死亡。

## （三）防治方法

（1）在若虫未上树前于 3 月初树干基部刮除老皮，涂宽约 15 厘米的黏虫胶带。黏胶一般配法为废机油和石油沥青各 1 份，加热溶化后搅匀即成。如在胶带上再包一层塑料布，下端呈喇叭状，防治效果更好。

（2）若虫上树前，用 6% 的柴油乳剂喷洒根颈部周围土壤。

（3）采果至土壤结冻前或翌年早春进行树下耕翻，可将草履蚧消灭在出土前，耕翻深度约 15 厘米，范围稍大于树冠投影面积。

（4）结合耕翻，可在树冠下地面撒施5％锌硫磷粉剂，每亩2千克，后翻耙使药、土混合均匀。若虫上树初期，在核桃发芽后喷80％敌敌畏乳油1 000倍液或48％乐斯本乳油1 000倍液。草履蚧的天敌主要是黑缘红瓢虫，喷药时避免喷菊酯类和有机磷类等广谱性农药，喷洒时间不要在瓢虫孵化盛期和幼虫时期。

# 五、核桃瘤蛾

核桃瘤蛾属鳞翅目瘤蛾科，又名核桃小毛虫。在北京、河北、河南、山东、陕西、甘肃、四川等地均有发生。幼虫食害叶子，严重时可将核桃叶吃光，造成二次发芽，枝条枯死，树势衰弱，产量下降，是核桃树的一种暴食性害虫。

## （一）形态特征

成虫雌蛾体长6～10毫米，翅展15～24毫米，体灰色。复眼黑色。前翅前缘至后缘有3条波状纹，基部和中部有3块明显的黑褐色斑。雄蛾触角双栉齿状，雌蛾丝状。卵扁圆形，直径0.2～0.3毫米，初产白色，后变黄褐色。幼虫多为7龄，少数为6龄，4龄前体色灰褐，体毛短。体长15毫米，头暗褐色，体背淡褐色，胸腹部第1～9节有色瘤，每节8个，后胸节背面有一淡色十字纹，腹部4～6节背面有白色条纹。蛹长10毫米，黄褐色。茧长椭圆形，丝质，黄白色，接土粒后褐色（图12-5）。

## （二）生活习性

一年发生2代，以蛹茧在树冠下的石块或土块下、树洞中、树皮缝、杂草内越冬。翌年5月下旬开始羽化，6月上旬为羽化

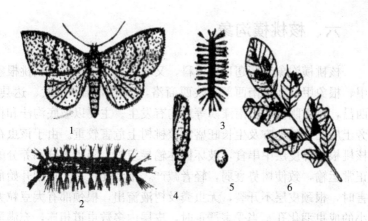

图 12-5 核桃瘤蚜
1. 成虫　2. 幼虫　3. 幼虫背面观　4. 蛹　5. 卵　6. 危害状

盛期。6 月份为产卵盛期，卵散产于叶背面主侧脉交叉处。幼虫 3 龄前在叶背面啃食叶肉，不活动，3 龄后将叶吃成网状或缺刻，仅留叶脉，白天到两果交接处或树皮缝内隐避不动，晚上再爬到树叶上取食。第一代老熟幼虫下树盛期为 7 月中下旬，第二代下树盛期为 9 月中旬，9 月下旬全部下树化蛹越冬。

### （三）防治方法

（1）利用幼虫白天在树皮缝内隐蔽和老熟幼虫下树作茧化蛹的习性，在树干上绑草诱杀。

（2）利用成虫的趋光性，于 6 月上旬至 7 月上旬成虫大量出现期间设黑光灯诱杀。

（3）秋冬刮树皮、刨树盘及土壤深翻，消灭越冬蛹茧。

（4）幼虫发生期（6 月下旬至 7 月上旬）喷 50% 锌硫磷 1 500 倍液或敌杀死 5 000 倍液。

（5）保护天敌，释放赤眼蜂。

# 六、核桃横沟象

核桃横沟象属鞘翅目象甲科，又名核桃黄斑象甲、核桃根象甲、根象甲。在河南西部，陕西商洛，四川绵阳、平武、达县、西昌，甘肃陇县、云南漾濞等地均有发生。主要以坡底沟洼和村旁土质肥沃的地方及生长旺盛的核桃树上危害较重。由于该虫在核桃根颈部皮层中串食，破坏树体输导组织，阻碍水分和养分的正常运输，致使树势衰弱，轻者减产，重者死亡。幼虫刚开始危害时，根颈皮层不开裂，无虫粪及树液流出，根颈部有大豆粒大小的成虫羽化孔。当受害严重时，皮层内多数虫道相连，充满黑褐色粪粒及木屑，被害树皮层纵裂，并流出褐色汗液。

## （一）形态特征

成虫体黑色，体长 12~16.5 毫米，宽 5~7 毫米，头管长为体长的 1/3，触角着生在头管前端，膝状。复眼黑色，胸背密布不规则的点刻。翅鞘点刻排列整齐，翅鞘 1/2 处着生 3~4 丛棕色绒毛，近末端处着生 6~7 丛棕褐色绒毛，两足中间有明显的杜红色绒毛，跗节顶端着生尖锐钩状刺。卵椭圆形，长 1.6~2 毫米，宽 1~1.3 毫米，初产生时为乳白色或黄白色，逐渐变为米黄色或黄褐色。幼虫体长 14~18 毫米，弯曲，肥壮，多皱褶，黄白或灰白色，头部棕褐色。口器黑褐色。前足退化处有数根绒毛。蛹长 14~17 毫米，黄白色，末端有 2 根褐色刺（图 12-6）。

## （二）生活习性

在陕西、河南、四川为两年发生 1 代。幼虫危害期长，每年 3~11 月份均能蛀食，12 月至翌年 2 月份为越冬期。90%的幼虫集中在表土下 5~20 厘米，侧根距主干 1.4~2 米处也有危害。

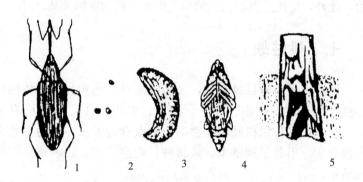

图 12-6　核桃横沟象
1. 成虫　2. 卵　3. 幼虫　4. 蛹　5. 根颈部被害状

蛹期平均 17 天左右，以幼虫和成虫在根皮层内越冬，经越冬的老熟幼虫 4～5 月份在虫道末端化蛹，到 8 月上旬结束。初羽化的成虫不食不动，在蛹室停留 10～15 天，然后爬出羽化孔，经 34 天左右取食树叶、根皮补充营养。5～10 月份为产卵期。成虫除取食叶片外，还取食根部皮层，爬行快，飞翔力差，有假死性和弱趋光性。

## （三）防治方法

（1）成虫产卵前，将根茎部土壤挖开，涂抹浓石灰浆于根茎部，然后封土，以阻止成虫在根上产卵，效果很好，可维持 2～3 年。

（2）冬季结合翻树盘，挖开根茎泥土，剥去根颈粗皮，降低根部湿度，造成不利于虫卵发育的环境，可使幼虫虫口数降低 75%～85%。

（3）4～6 月份，挖开根茎部泥土，用斧头每隔 10 厘米左右，砍破皮层，用药液重喷根颈部，然后用土封严，毒杀幼虫和蛹，效果显著。

（4）7～8 月份成虫发生期结合防治举肢蛾，在树上喷药防治。此外，应注意保护白僵菌和寄生蝇等横沟象的天敌。

# 七、桃蛀螟

桃蛀螟属鳞翅目螟蛾科，又名桃蠹螟、桃实心虫、核桃钻心虫。在河北、河南、辽宁、湖北、四川、甘肃等地均有发生，是危害多种果树和农作物的一种杂食性害虫。以幼虫蛀食核桃果实，引起早期落果，或将种仁吃空，严重影响核桃产量和质量。

## （一）形态特征

成虫体长 12 毫米，翅展 26 毫米。复眼，下唇与口器发达。全省橙黄色，散生黑色小斑，胸腹部各节有 2～3 个黑斑，前翅 25～26 个，后翅 14～15 个黑斑。雄蛾第 9 节末端为褐色，甚为显著，雌蛾则不宜见到。卵扁圆形，稍扁平，长 0.6～0.7 毫米，初产乳白色，后渐变为桃红色。表面具密而细小的圆形刺点。卵面满布网状花纹。老熟幼虫体长 18～25 毫米，头部暗黑色，胸腹部背面深褐色，各节有褐色大瘤点 12 个，足褐色。蛹长 12～14 毫米，褐色或淡褐色，腹部末端有卷曲臀刺 6 根。

## （二）生活习性

在华北、西北等地每年发生 2 代，长江流域及以南各地每年 4～5 代。以老熟幼虫在树干基部皮缝、落叶、落果及玉米秸内吐丝绕身越冬。也有少部分以蛹越冬。在四川中下旬化蛹，5 月下旬至 6 月上旬出现成虫。成虫有趋光性，对黑光灯趋性强，普通灯光驱性不强，对糖醋液也有趋性，白天和阴天常不活动，伏于叶背面，活动、交尾、产卵均在夜间。卵一般散产于两果交界处。卵期 6～8 天，6 月上旬孵化出 1 代幼虫。初孵幼虫经短距离爬行后即蛀入果内。受害果从蛀孔分泌黄褐色透明胶汁，与粪

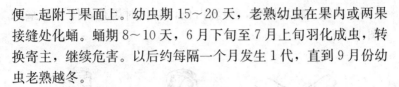

便一起附于果面上。幼虫期 15～20 天，老熟幼虫在果内或两果接缝处化蛹。蛹期 8～10 天，6 月下旬至 7 月上旬羽化成虫，转换寄主，继续危害。以后约每隔一个月发生 1 代，直到 9 月份幼虫老熟越冬。

### （三）防治方法

（1）冬季刮树皮、树干涂白，收集烧毁核桃园内的残枝、落叶，清除越冬寄主，消灭越冬幼虫。

（2）5～8 月份在核桃集中栽培的地方设置黑光灯，或用糖醋液诱杀成虫。

（3）即时采摘和检拾虫果集中深埋，消灭果内幼虫。

（4）5～6 月份越冬代成虫产卵和第一代幼虫初孵期，分别喷 40% 乐果乳油 1 500 倍液，5% 三硫磷乳油 1 000 倍液，对成虫、卵及幼虫均有较好效果。

## 八、核桃小吉丁虫

核桃小吉丁虫属鞘翅目吉丁虫科。全国各核桃产区均有危害。主要危害枝条，严重地区被害株率达 90% 以上。以幼虫蛀入 2～3 年生枝干皮层，或螺旋形串圈危害，故又称串皮虫。枝条受害后常表现枯梢，树冠变小，产量下降。幼树受害严重时，易形成小老树或整株死亡。

### （一）形态特征

成虫体长 4～7 毫米，黑色，有铜绿色金属光泽，触角锯齿状，头、前胸背板及鞘翅上密布小刻点，鞘翅中部内侧向内凹陷。卵椭圆形，扁平。长约 1.1 毫米，初产卵乳白色，逐渐变为黑色。幼虫体长 7～20 毫米，扁平，乳白色，头棕褐色，缩于第一胸节，胸部第一节扁平宽大，腹末有 1 对褐色尾刺。背中有 1

条褐色纵线。蛹为裸蛹，初乳白色，羽化时黑色，体长6毫米（图12-7）。

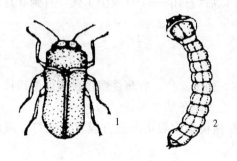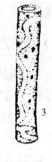

图12-7　核桃小吉丁虫
1. 成虫　2. 幼虫　3. 枝条被害状

### （二）生活习性

该虫一年发生1代，以幼虫在2～3年生被害植株越冬。6月上旬至7月下旬为成虫产卵期，7月下旬到8月下旬为幼虫危害盛期。成虫喜光，树冠外围枝条产卵较多。生长弱、枝叶少、透光好的树受害严重，枝叶繁茂的树受害较轻。成虫寿命12～35天。卵期约10天，幼虫孵化后蛀入皮层危害，随着虫龄的增长，逐渐深入到皮层危害，直接破坏疏导组织。被害枝条表现出不同程度的落叶和黄叶现象，这样的枝条不能完全越冬。在成年树上，幼虫多危害2年、3年生枝条，被害率约占72%，当年枝条被害率约4%，4年、5年、6年生枝条被害率分别14%、8%、2%。受害枝条无害虫越冬，越冬害虫几乎全部在干枯枝条中。

### （三）防治方法

（1）秋季采收后，剪除全部受害枝，集中烧毁，以消灭翌年虫源。修剪时要多剪一段健康枝以防遗漏幼虫。

（2）在成虫羽化产卵期及时设立一些诱饵，诱集成虫产卵，并及时烧掉。

（3）核桃小吉丁虫有 2 种寄生蜂，自然寄生率为 16％～56％，释放寄生蜂可有效降低越冬虫口数量。

（4）成虫羽化出洞前用药剂封闭树干，从 5 月下旬开始，每隔 15 天用 90％晶体敌百虫 600 倍液或 48％乐斯本乳油 800～1 000 倍液喷洒主干。在成虫发生期，结合防治举肢蛾等害虫，在树上喷洒 80％敌敌畏乳油或 90％晶体敌百虫 800～1 000 倍液、25％西维因 600 倍液。

# 九、核桃缀叶螟

核桃缀叶螟属鳞翅目螟蛾科。又名卷叶虫、木僚黏虫、核桃毛虫等。在河北、河南、山东、陕西、辽宁、安徽、江苏等地均有发生和危害。以幼虫卷叶取食危害，严重时把叶吃光，影响树势和产量。

## （一）形态特征

成虫体长约 18 毫米，翅展 40 毫米。全身灰褐色。前翅有明显黑褐色内横线及曲折的外横线，横线两侧靠近前缘处各有黑褐色小斑点 1 个，翅缘脉间各有黑褐色小斑点 1 个，前缘中部有 1 黄褐色小斑点。后翅灰褐色，近处缘色较浅，有 1 弯月形黄白色纹。雄蛾前翅前缘内横线处有褐色斑点。卵扁圆形，呈鱼鳞状集中排列卵块，每卵块有卵 200～300 粒。老熟幼虫体长约 25 毫米。头及前胸背板黑色有光泽，背板前缘有 6 个白点。全身基本颜色为橙褐色，腹面黄褐色，有疏生短毛。蛹长约 18 毫米，黄褐或暗褐色。茧扁椭圆形，长约 18 毫米，形似柿核，红褐色（图 12‐8）。

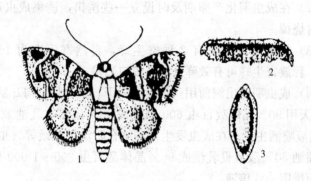

图 12 - 8　核桃缀叶螟
1. 成虫　2. 幼虫　3. 茧

## （二）生活习性

一年发生1代，以老熟幼虫在土中作茧越冬，距干1米范围内最多，入土深度10厘米左右。6月中旬至8月上旬为化蛹期，7月上中旬开始出现幼虫，7～8月为幼虫危害盛期。成虫白天静伏，夜间活动，将卵产在叶片上，初孵幼虫群集危害，用丝黏结很多叶片成团，幼虫居内取食叶正面果肉，留下叶脉和下表皮呈网状；老幼虫白天静伏，夜间取食。一般树冠外围枝、上部枝受害较重。

## （三）防治方法

（1）于土壤封冻前或解冻后，在受害根颈处挖虫茧，消灭越冬幼虫。

（2）7～8月份幼虫危害盛期，及时剪除受害枝叶，消灭幼虫。

（3）7月中下旬选灭幼脲3号2 000倍液或杀螟杆菌（50亿/克）80倍液、50%杀螟松乳剂1 000～2 000倍液、25%西维因可湿性粉剂500倍液喷树冠，防治幼虫效果很好。

# 十、铜绿金龟子

铜绿金龟属鞘翅目金龟子科。又名青铜金龟、硬壳虫等，全国各地均有分布，可危害多种果树。幼虫主要危害根系，成虫则取食叶片、嫩枝、嫩芽和花柄等，将叶片吃成缺刻或吃光，影响树势及产量。

## （一）形态特征

成虫长约 18 毫米，椭圆形，身体背面铜绿色，头及前胸背板色较深，具有金属光泽。额头前胸背板两侧缘黄白色。翅翘有 4～5 条纵隆起线，胸部腹面黄褐色，密生细毛。足的胫节和趾节红褐色。腹部末端两节外漏。卵初产时乳白色，近孵化时变成淡黄色，圆球形，直径约 1.5 毫米。幼虫体长约 30 毫米，头部黄褐色，胸部乳白色，腹部末节腹面除沟状毛外，有两列针状刚毛，每列 16 根左右。蛹长椭圆形，长约 18 毫米，初为黄白色后变为淡黄色（图 12-9）。

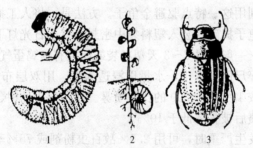

图 12-9 铜绿金龟子
1. 幼虫 2. 幼虫危害状 3. 成虫

## （二）生活习性

一年发生 1 代。以 3 龄幼虫在土壤深处越冬，翌年春季幼虫开始危害根部，老熟幼虫作土室化蛹。成虫 6 月初开始出土，喜傍晚活动，白天多栖息于疏松、潮湿的土壤中，有假死性和强烈的趋光性。于 6 月中旬产卵于树下作物根系附近土中。7 月出现新一代幼虫，取食寄主植物的根部，10 月中上旬幼虫在土中开始下迁越冬。

### （三）防治方法

（1）成虫大量发生期，因其具有强烈的趋光性，可用黑光灯诱杀。也可用马灯、电灯、可充电电瓶灯诱杀，方法是：取一个大水盆（口径 52 厘米最好），盆中央放 4 块砖，砖上铺一层塑料布，把马灯或电瓶灯放到砖上，并用绳与盆的外缘固定好。为防止金龟子从水中爬出，在水中加少许农药。也可将糖、醋、白酒、水按 1：3：2：20 的比例配成液体，加入少许农药制成糖醋液，装入罐头瓶中（液面达瓶的 2/3 为宜），挂在核桃园进行诱杀。

（2）利用成虫的假死性，人工振落捕杀。

（3）自然界中许多动物都有忌食同类尸体并厌避其腐尸气味的现象，利用这一特点驱避金龟子。方法是：将人工捕捉或灯光诱杀的金龟子捣碎后装入塑料袋中密封，置于日光灯下或高温处使其腐败，一般经过 2~3 天塑料袋鼓起且有臭鸡蛋气味散出时，把腐败的碎尸倒入水中，水量以浸透为度。用双层布过滤 2 次，用浸出液按 1：150~200 的比例喷雾。此法对于幼树、苗圃效果特别好，喷后被害率低于 10％。

（4）发生严重时，可用 2.5％敌百虫粉剂或 75％辛硫磷乳剂 1 500 倍液，喷杀成虫，防治效果均在 90％以上。

（5）保护利用天敌，铜绿金龟的天敌有益鸟、刺猬、青蛙、寄生蝇、病原微生物等。

# 十一、大青叶蝉

大青叶蝉属同翅目叶蝉科。又名青叶蝉、青叶跳蝉、大绿浮沉子等。全国各地普遍发生，食性杂，寄主广泛。大青叶蝉对核桃树的危害主要是产卵造成的，为苗木和定植幼树的大敌，受害重的苗木或幼树的枝条逐渐干枯，严重时可全株死亡。

## （一）形态特征

成虫体长 7～10 毫米。身体黄绿色，头橙黄色，复眼黑褐色，有光泽。头部背面具单眼 2 个，两单眼间有多边形黑斑点。前胸背板前缘黄绿色，其余为绿色；前翅绿色并有青蓝色光泽，末端灰白色，半透明。后翅及腹背面烟黑，半透明。腹部两侧、腹面及胸足橙黄色。前、中足的跗爪及后足腔节内侧有黑色细纹，后足排状刺的基部为黑色。卵长圆形，长约 1.6 毫米，稍弯曲，乳白色，近孵化时变为黄白色。以 10 粒左右排列成卵块。低龄若虫灰白色，微带黄绿。3 龄后黄绿色，体背面有褐色纵条纹，并出现翅芽。老熟幼虫体长约 7 毫米，似成虫，仅翅未完成发育。

## （二）生活习性

一年发生 3 代，以卵在树干、枝条或幼树树干的表皮下越冬。翌年 4 月孵化出若虫。若虫孵化后即转移到附近的作物及杂草上群集刺吸危害，并在这些寄主上繁殖 2 代。5～6 月份出现第一代成虫，7～8 月份出现第二代成虫，第三代于 9 月份出现，仍危害上述寄主。大田秋收后即转移到绿色多汁蔬菜或晚秋作物上。到 10 月中旬，成虫开始迁往核桃等果树上产卵，10 月下旬为产卵盛期，并以卵态过冬。成、若虫喜栖息在潮湿背风处，往往在嫩绿植物上群集危害，有较强的趋光性。

### （三）防治方法

（1）在成虫发生期，可利用其趋光性用黑光灯诱杀。

（2）在成虫产卵越冬前，涂白幼树树干，可阻止成虫产卵。在幼树主干或主枝上缠布条，也可阻止成虫产卵。

（3）对于产卵量较大的植株，特别是幼树，可组织人力用小木棍将树干上的卵块压死。

（4）在成虫产卵期，可喷洒 80％敌敌畏乳剂 1 000 倍液或 25％喹硫磷乳剂 1 000 倍液、20％叶蝉散乳剂 1 000 倍液。

# 十二、刺蛾类

包括黄刺蛾、绿刺蛾和扁刺蛾，属鳞翅目刺蛾科。俗称痒辣子、毛八角、刺毛虫等（图 12 - 10）。幼虫群集危害叶片，将叶片吃成网状。幼虫长大后分散危害，将叶片全部吃光，仅留主脉和叶柄，影响树势和产量，是核桃叶部的主要病害。幼虫体上有毒毛，触及人体，会刺激皮肤发痒发痛。

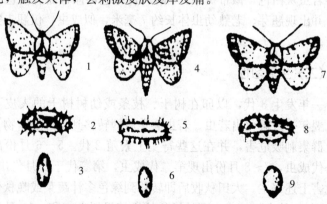

图 12 - 10　刺　蛾

1～3. 黄刺蛾（1. 成虫　2. 幼虫　3. 茧）　4～6. 褐边绿刺蛾

（4. 成虫　5. 幼虫　6. 茧）7～9. 扁刺蛾（7. 成虫　8. 幼虫　9. 茧）

## （一）形态特征

**1. 黄刺蛾**　成虫体长 13～16 毫米，翅展 30～34 毫米。头部和胸部黄色，腹部背面黄褐色。前翅内半部黄色，外半部为褐色，有 2 条暗褐色斜线，在翅尖上会合于一点，呈倒 V 形，里面 1 条伸到中室下角，为黄色与褐色两个区域的分界线。卵椭圆形，扁平，黄绿色，长 1.4～15 毫米。老熟幼虫体长 19～25 毫米，头小，淡褐色。胸、腹部肥大，黄绿色。身体背面有一大形的前后宽、中间细的紫褐色斑和许多突起枝刺。以腹部第一节的枝刺最大，依次为腹部第七节、胸部第三节、腹部第八节；腹部第二至第六节枝刺小，第二节的最小。蛹椭圆形，长 12 毫米，黄褐色。茧灰白色，质地坚硬，表面光滑，茧壳上有几道长短不一的褐色纵纹，形似雀蛋。

**2. 绿刺蛾**　成虫体长约 16 毫米，翅展 38～40 毫米。头顶、胸背绿色。胸背中央具 1 条褐色纵纹向后延伸至腹背，腹部背面黄褐色。触角褐色，雄蛾栉齿状，雌蛾丝状。头顶、胸背绿色，胸背中央有一棕色纵线，腹部灰黄色，散有暗褐色小点；后翅灰黄色，外缘带褐色。卵扁平光滑，椭圆形，浅黄绿色，黄白色酷似寄主树皮。老熟幼虫体长 25 毫米，略呈长方形，初黄色，后稍大，为黄绿至绿色。头小，黄褐色，缩于前胸下。背中央有紫色或暗绿色带 3 条，亚背区、亚侧区上各具 1 列带短刺的瘤。蛹椭圆形约 13 毫米，黄褐色。茧椭圆或纺锤形，暗褐色，酷似寄主树皮。

**3. 扁刺蛾**　雌蛾长 13～18 毫米，体褐色，腹面及足色较深，触角丝状，基部十数节呈栉齿状，栉齿在雄蛾更为发达。前翅灰褐稍带紫色，顶角处斜向一褐色线至后缘。雄虫长约 10 毫米，雄蛾中室外上角有一黑点，后翅灰褐色。卵椭圆形，初淡黄绿色，后呈灰褐色。老熟幼虫体长 21～24 毫米，较扁平，椭圆形，背部稍隆起，形似龟甲。全体绿色或黄绿色，背线白色，体边缘两侧各有 10 个瘤状突起。其上生有刺毛，每体节背面有 2 个小丛刺毛，第四节背面两侧各有 1 红点。蛹近椭圆形，长 10～15 毫米，前端肥钝，后端稍削，初为乳白色，羽化前转为黄褐色。茧椭圆形，暗褐色，形似鸟蛋。

## （二）生活习性

**1. 黄刺蛾**　一年发生 1～2 代。以老熟幼虫在分叉处、主侧枝以及树干的粗皮上结茧越冬。翌年 5～6 月份化蛹，成虫 6 月份出现，白天静伏于叶背面，夜间活动，有趋光性。产卵于叶背面近末端，卵期 7～10 天。初孵幼虫取食卵壳，然后食叶，仅取食叶的下表皮和叶肉组织。留下上表皮，呈圆形透明小班。幼虫于 6 月中旬至 8 月下旬发生危害，老熟幼虫在树上结茧越冬。

**2. 绿雌蛾**　一年发生 1～3 代。以老熟幼虫在树干基部结茧越冬。成虫于 6 月上中旬开始羽化，末期 7 月中旬。成虫具有较强的趋光性，在夜间进行交尾。产卵于叶背面，数十粒集聚成块，约在 8 月下旬至 9 月下旬，陆续下树寻找适当场所结茧越冬。结茧的场所在树冠下草丛浅土层内或主干基部土下贴树皮的部位；发生 2 代的地区除上述场所外，还可在落叶下、主枝的树皮上等部位。

**3. 扁刺蛾**　一年发生 1～3 代。以老熟幼虫土中结茧越冬。6 月上旬开始羽化为成虫。成虫羽化时间多在傍晚，白天静伏于叶背或杂草丛中，夜间活动，具有较强的趋光性，交尾后次日晚产卵。卵多产于叶面，散生，6～8 月上旬有初孵幼虫出现。初孵幼虫先食卵壳，2 龄后转至叶背，6 龄幼虫取食全叶仅留叶柄。发生严重时，能将全株吃光。

## （三）防治方法

（1）9～10 月份或冬季，结合修剪、挖树盘等消除越冬虫茧，杀死越冬蛹。

（2）利用成虫趋光性，用黑光灯诱杀。

（3）初龄幼虫多群集于叶背面危害，可及时组织人力，摘除虫叶，消灭幼虫。

（4）在成虫产卵后和幼虫期，喷90％敌百虫800倍液或50％敌敌畏800倍液。

（5）保护或释放天敌，如上海青峰、姬蜂、螳螂等。

# 第八节　主要自然灾害的防御

## 一、防冻害的主要措施

**1. 选育抗寒品种**　这是防冻最根本而有效的途径。

**2. 因地制宜，适地适栽**　选择当地主要发展的树种品种，主栽种类应能保证年年有较高的产量。在气候条件较差、易受冻害的地区，可采取利用良好的小气候，适当集中的方法。新引进的种类必须先进行试栽，在产量和品质达到基本要求的前提下，才能加以推广。

**3. 抗寒栽培**　利用抗寒的栽培方式，可直接或间接提高抗寒力。加强年周期的综合管理技术对提高抗寒力有重要作用。应本着促进前期旺盛生长，控制后期生长，使之充分成熟，积累养分，接受锻炼，及时进入休眠的原则进行管理。因此，应保证前一年顺利越冬，春季加强氮素和水分供应，使枝条生长健壮，秋季应及时控制氮肥和水分，增施磷钾肥，并可采取夏季修剪，以促使新梢及时停止生长，这对幼树更为重要。结果树应通过修剪、疏花疏果等措施调节每年的结果量。并应加强病虫防治，如在寒地浮尘子产卵常直接加重冻害和抽条的发生，必须彻底防治。

**4. 加强树体越冬保护**　除上述措施外，必要时可采用越冬保护的方法。例如，定植后3～4年内整株培土，大树主干培土、包草、涂白等都有一定的效果，可根据具体情况选用。

## 二、防霜措施

### （一）延迟发芽，减轻霜冻程度

**1. 春季灌水喷水**　春季多次灌水、喷水能降低土温，延迟发芽。萌芽后至开花前灌水 2～3 次，一般可延迟开花 2～3 天。连续定时喷水可延迟开花 7～10 天。

**2. 利用腋花芽结果**　腋花芽由于分化较晚，春季较顶花芽萌发与开花都晚。早实核桃腋花芽率高，应尽量加以利用。

**3. 涂白**　据试验，春季进行主干和主枝涂白，可减少对太阳热能的吸收，延迟发芽和开花 3～5 天；早春用 7％～10％石灰液喷布树冠，可使一般树花期延迟 3～5 天，在春季温变剧烈的大陆性气候地区，效果尤为显著。

### （二）改善果园霜冻时的小气候

**1. 加热法**　加热防霜是现代防霜较先进而有效的方法。在果园内，每隔一定距离放置 1 个加热器，在霜将来临时点火加温，下层空气变暖而上升，上层原来温度较高的空气下降，在果园周围形成一个暖气层。加热法适用于大果园，果园太小，微风会将暖气吹走。

**2. 吹风法**　辐射霜冻是在空气静止情况下发生的，如利用大型吹风机增强空气流通，将冷气吹散，可以起到防霜效果。

**3. 熏烟法**　在最低温度不低于－2℃的情况下，可在果园内熏烟。熏烟能减少土壤热量的辐射散发，同时，使烟粒吸收湿气，使水气凝成液体而放出热量，提高气温。常用的熏烟方法是用易燃的干草、刨花、秫秸等与潮湿落叶、草根、锯屑等分层交互堆起，外面覆一层土，中间插上木棒，以利点火和出烟。发烟堆应分布在果园四周和内部，风的上方烟堆应密些，以便迅速使烟布满全园。烟堆大小一般不高于1米。当地气象预报有霜冻危险的夜晚，在温度降至5℃时即可点火发烟。

配制防霜烟雾剂防霜，效果也很好。烟雾剂配方为硝酸铵20%、锯木70%、废柴油10%。将硝酸铵研碎，锯木烘干过筛，锯末越碎，发烟越浓，持续时间越长。平时将原料分开放，在霜来临时，按比例混合，放入铁筒或纸壳筒。根据风向放置药剂，待降霜前点燃，可提高温度1～1.5℃，烟幕可维持1小时左右。

**4. 人工降雨、喷水或根外追肥** 霜来临时，利用人工降雨设备或喷雾设备向果树体上喷水，水遇冷凝结时可放出潜热，并可增加湿度，减轻冻害。根外追肥能增加细胞浓度，效果更好。

**5. 加强综合栽培管理技术** 增强树势可提高抗霜能力，霜冻如已造成灾害，更应采取积极措施加强管理，争取产量和树势的恢复。对晚开放的花应人工授粉，提高坐果率，以保证当年有一定的产量。幼嫩枝叶受冻后，仍会有新枝和新叶长出，应促进其健壮生长，恢复树势。

# 三、防止抽条的措施

## (一) 运用综合技术措施，促使枝条充实 增强越冬性

重点是促进枝条前期生长正常，后期及时停止生长。应严格控制秋季水分，自营养生长后期开始（8月上旬左右），应采取降低土壤含水量的措施。后期不施氮肥，而增施磷钾肥。秋季连续多次摘心是控制枝条后期生长、充实枝条简单易行的办法。同时，要注意防治病虫害，严防大青叶蝉在枝梢上产卵，避免机械损伤等。

## (二) 创造良好的小气候，减轻冻旱影响

营造防护林带可明显减轻越冬抽条。对1～3年生幼树，卧倒埋土是最简单而又安全的保护办法。应当指出，不当的保护措

施反而会造成不良的后果，如树干培土及树冠扎草都加剧了植株水分得失的矛盾，从而导致抽条严重。

### （三）防止日烧

**1. 涂白保护**　树干涂白可以反射阳光，缓和树皮温度的剧变，我国北方普遍采用，对减轻日烧和冻害有明显的作用。通常多在冬季进，有的地区夏季也涂白。

**2. 树冠管理**　防止枝干日烧，应降低干高，多留辅养枝，避免枝干光秃裸露。防止果实日烧时，应尽量在树冠内部结果。

**3. 加强综合管理，保证树体正常生长结果**　生长季特别应防止干旱，避免各种原因造成叶片损伤。越冬前在干旱地区要灌冻水。

# 主要参考文献

冯明祥，等．2004．无公害果园农药使用指南．北京：金盾出版社．

郗荣庭，张毅萍．1991．中国核桃．中国林业出版社．

郗荣庭，张毅萍．1996．中国果树志·核桃卷．北京：中国林业出版社．

张志华，等．1995．核桃优良品种及其丰产优质栽培技术．北京：中国林业出版社．

张美勇，等．2008．核桃优质高效安全生产技术．济南：山东科学技术出版社．

刘晓丽，张美勇，等．2008．普通核桃（*Juglans regia*）3 个群体遗传结构的 SSR 分析．果树学报，25（4）：526～530．

张美勇，徐颖，等．2008．核桃新品种鲁果 2 号选育．中国果树（6）：3～6．

张美勇，徐颖，等．2008．核桃不同品种果实坚果品质分析．中国农学通报，24（12）：313～316

张美勇，徐颖，等．2009．核桃大果新品种鲁果 4 号的选育．中国果树（3）：1～3．

彩图3-1　核桃树

彩图3-2　核桃雄花

彩图3-3　核桃雌花

彩图3-4　核桃果实

彩图3-5　铁核桃树

彩图3-6　野核桃树

彩图3-7　野核桃雄花

彩图3-8　野核桃雌花

本书彩色图片由徐颖提供

彩图3-9　野核桃坚果

彩图3-10　麻核桃雌花

彩图3-11　麻核桃坚果

彩图3-12　吉宝核桃

彩图3-13　黑核桃

彩图3-14　黑核桃雌花

彩图3-15　黑核桃雌花

彩图3-16　黑核桃果实

彩图3-17 黑核桃坚果

彩图3-18 叶片

彩图3-20
坚果-1

彩图3-19 雌花

彩图3-22 二次雌雄
混合花序

彩图3-21 坚果-2

彩图3-23 二次花坐果状

彩图3-24 二次果结果状

彩图5-1　岱香4年生结果树

彩图5-2　岱香结果状

彩图5-3　岱香坚果

彩图5-4　岱辉树体

彩图5-5　岱辉结果状

彩图5-6　岱辉坚果

彩图5-7 香玲结果状

彩图5-8 香玲坚果

彩图5-9 丰辉结果状

彩图5-10 丰辉坚果

彩图5-11 鲁光结果状

彩图5-12 鲁光坚果

彩图5-13　鲁香结果状

彩图5-14　鲁香坚果

彩图5-15　岱丰结果状

彩图5-16　岱丰坚果

彩图5-17　鲁核
1号结果枝组

彩图5-18　鲁核1号坚果

彩图5-19　鲁果1号结果枝组

彩图5-20　鲁果1号二次果结果状

彩图5-21　鲁果1号坚果

彩图5-22　鲁果2号结果枝组

彩图5-23　鲁果2号坚果

彩图5-24　鲁果3号结果枝组

彩图5-25　鲁果3号坚果

彩图5-26　鲁果4号结果枝组

彩图5-27　鲁果4号坚果

彩图5-28　鲁果5号结果状

彩图5-29　鲁果5号坚果

彩图5-30　鲁果6号结果状

彩图5-31 鲁果6号坚果

彩图5-32 鲁果7号结果状

彩图5-33 鲁果7号坚果

彩图5-34 鲁果8号结果状

彩图5-35 鲁果8号坚果

彩图5-36 辽核1号

彩图5-37　辽核2号

彩图5-38　辽核3号

彩图5-39　辽核4号结果状

彩图5-40　辽核5号结果状

彩图5-41　辽核6号坚果

彩图5-42　中林1号坚果

彩图5-43 中林3号坚果

彩图5-44 中林6号坚果

彩图5-45 礼品1号

彩图5-46 西洛1号结果状

彩图12-1 果实炭疽病

彩图12-2 细菌性黑斑病叶

彩图12-3 黑斑病危害状

彩图12-4 腐烂病

彩图12-5 枝枯病

彩图12-6 白粉

彩图12-7 核桃云斑天牛为害状

彩图12-8 核桃树介壳虫为害状